自然農を生きる

沖津一陽

Okitsu Kazuaki

創森社

収穫したインゲンを手にする川口由一さん

推薦の言葉～本書を読了して～

持続可能なる自然農で専業農家として28年間生活を営み続けてきた沖津氏の心のうちから湧き出づる言葉は尊く、貴重なものとして多くの人々の魂に深く働きかけるものになっており、強く感銘いたしました。

人類がこの宇宙この地球で持続可能とする生き方、農のあり方を数百万年生きてきてなお悟らずであり、明治期より受け入れてきた不完全な西洋思想、いのちを観ず知ることできぬ科学力と非自然なる化学化を神のごとく絶対視しての今日の文化文明であり、自然なるいのちをないがしろにして足るを知らず、貪《むさぼ》りによる自滅へと加速著しい今日の誤りを悟り知っての沖津夫妻の自然農生活です。消費者を安全でいのち豊かな農作物を届けて生かし、結果生かされる一体のあり方によって三人の子どもを産み育て自立へと送り出したすばらしいこともあり、読み進めるうちに心豊かで心平和で楽しく幸福に生きる真に救われた人本来の美しい姿が伝わってきます。

そこには沖津氏のうちにある宇宙観、生命観、自然観、さらには人生観、真の経

収穫期のミニトマト

済観、農家経営観、生活観も思想哲学として確立されており具体的に日々の生活にあらわし実践されています。また人類がかかえる環境問題、資源問題等々を根本から解決する〝問題を起こさない〟真のあり方を説き示しその答えを生きる姿が書物のなかにあります。さらに自然農で生きる次の世代の誕生を願っての役目、使命、天命を生きるべくの深い願いも示されています。

本当にこの書物で沖津氏が語る言葉はいつの時代にも総べての人に必要な普遍の道をあらわし示してくれています。心静かに深く読みとられてすばらしい働きを多くの人々が実現していってくれることを願っています。楽しみであります。

２０２０年　残夏　日本では40度を超す猛暑となり世界各地では
新型コロナウイルス出現により混沌混乱となり、
基本の生活を奪われ不安に陥る人々の多い時

川口 由一

とう取り用ハクサイ（３月に収穫）

自然農の営みと恵み～「はじめに」に代えて～

種籾播きを、田植えを、田の草取りを、稲刈りを、キュウリを、ダイコンを、間引きを、草管理を、収穫を……。

春には春の仕事、夏には夏の仕事、秋には秋の仕事、冬には冬の仕事、目の前の仕事をコツコツとやるうちに、自然農の専業農家として、はや28年が経ちました。あっという間であったように思われます。

しかし、その間に３人の子どもたちは皆成人し、家を離れて、それぞれの道を歩み始めています。そんなところに時の移ろいを感じます。私らも年を取ったわけです。

私が自然農に出会ってから、もう30年ほどになるでしょうか。川口由一さんの書いた『妙なる畑に立ちて』（野草社）という本で自然農を知りました。

都会の大きな本屋さんで同書を手に取りましたが、２８００円が惜しくて考えたのを思い出します。その時、思い切って購入したので、今の私があるわけです。一冊の本が人生を大きく変えることがあるのですね。

稲架がけを終了（11月初旬）

その当時、私は農林水産省に勤める技術者でした。農林水産技官といいます。畜産や家畜衛生分野を専門とする技官だったのです。

20世紀の終わり近く、世間がいわゆるバブル景気に沸いている頃、私は農業や農業技術のあり方に疑問を感じるようになっていました。同時に、現代文明のあり方というのでしょうか、科学技術や産業社会のあり方に何かしら行き詰まりを感じ始めていました。繁栄の一方で、すでに各方面無理が生じていたわけです。

それで時々大きな本屋さんに出向き、数冊の本を購入し、そのあたりの答えを得るために自分なりに勉強していたのです。

『妙なる畑に立ちて』を拝見し、深く感じるところがありました。川口さんが定期的に見学会をなさっていることを同書で知り、その当時住んでいた埼玉県から奈良県の川口さんの田畑にしばしば出かけたものです。

清々しい田畑や作物の姿が印象に残っています。今考えると、私が耕種農業の専門家ではなかったので、かえって何の先入観もなく田畑を拝見し、お話を伺うことができたのだと思います。

自然農には、現代文明のありようを根本から問い直す大事なものがあるように思われました。それで、公務員を辞し、実家の農業を継ぐかたちで自然農に取り組むことにしたのです。

収穫期の冬キャベツ

ところが、私が四国の片隅で農業をしている間に、時代の閉塞感はさらに高まったようです。

まず、情報が瞬時に世界じゅうを駆け巡り、それに合わせて人々も右往左往しているように思われるのです。それに伴い、寛容な心というのでしょうか、人々の思いやりや優しい心が失われつつあるようです。便利さが人々を豊かにするのではなくて、かえって心の余裕を失わせ、争いさえ招いているようなのです。

気候も荒々しくなり、気象災害が多くなりました。これは日本のみならず世界的な傾向だそうです。また、生物種の多くが急速に絶滅しつつあるのだと報道されています。どうも、私たちの生きる場所、生命環境が急速に蝕まれつつあるのです。地球環境問題の深刻化です。

その他にも、各方面問題は山積しているようですが、我々はそれらを深く考えることなく、対応を先送りし、とりあえずの繁栄を楽しんでいるごとくです。誰もが何かしら暗雲が近づいていることを感じながら日々過ごしているのではないでしょうか。

私は自然農に取り組むうちに、自然の営みにすべての答えがあるのではないか、と思うようになりました。もちろん、自然農とは自然の営みに沿う農業のあり方です。自然農には現代文明を問い直す大事なものがある、との当初の思いが営農を続

収穫したノザワナ

けるうちにさらに深まったわけです。

しかし、見回せば私に続き自然農により営農する方がほとんどでいないのです。自然農が農業技術としての成熟を待たずに消えようとしているようなのです。これでは、未熟ながら私の取り組みを若い方々に紹介し、伝えておかねばならないと思うようになりました。そんな折、川口さんや版元の編集者の方から自然農の取り組みについて書かないか、との御提案をいただき、喜んでまとめさせていただくことにしました。

もっとも長い間、鍬と鎌しか持ったことのない農業者が書くことゆえ、取り組み内容を上手にお伝えできるかいささか心もとないのです。また、勉強不足、力量不足から思わぬ間違いや至らぬ表現があるかもしれません。そのあたりについては、皆さんの御指摘、御助言をいただければなによりです。

本書が行き詰まった現代の農業、文明のあり方を問い直し、答えを求める多くの方々の参考になれば幸いです。

2020年 新涼　　沖津 一陽

自然農を生きる——もくじ

もくじ

第5章

自然農なる農業経営と生き方 ―― 145

第6章

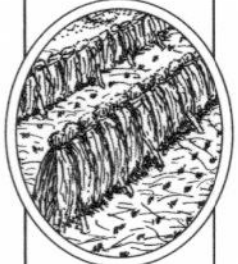

自然農の楽しみ、日々の楽しみ ―― 195

チンゲンサイの生育

収穫期のミズナ

◆略語（英字略語、カタカナ語を含む）は、初出略語下（　）内などで解説しています

◆一陽自然農園の作付けと収穫（暦）、および自然農学びの場など一覧は巻末に収録しています

◆年号は西暦を基本としています

第1章

NATURAL FARMING

自然農とは何か

収穫期間の長いネギ

自然農とは何か

自然農とは、自然の営みに沿う農業のあり方、あるいは自然の営みを大事にする農業のあり方くらいの理解で間違いないと思います。さらには、自然の営みに沿う人の生き方ともいえるかもしれません。つまり、自然農なる農業経営とは、自然の営みに沿う農業経営ということになります。

技術的な面からいえば、自然農は不耕起、雑草草生《そうせい》（雑草などを生やす）を基本とするところに特長があります。もちろん、耕すことも草の管理も必要に応じてするのですけれども、それは必要最小限にして、自然の営みを大事にします。もちろん、農薬や除草剤、化学肥料、その他特別な資材などは使いません。

その結果、自然農の田畑は草原状となり、田畑という名の美しいビオトープ（野生動植物の安定した生息地）となります。すなわち、自然農は多くの生命を育む農業のあり方でもあるのです。

しかし、自然農は必ずしも自然保護のための工夫ではありません。耕さず草を生やし自然の営みを大事にするのは、後ほど述べるように、作物を育てるにおいても様々な面で有利なのです。不思議に思われる方も多いかもしれませんが、実際にやればどなたでもそう感じられると思います。

自然農は、奈良県の農業者である川口由一さんが世に出されました。私も川口さんから教えていただいたのです。

川口さんは、幼い頃お父さんを亡くし、若い頃から農業に打ち込んだと聞いています。化学肥料や農薬あるいは農業機械を早くから取り入れ共同出荷も早くからなさったそうですから、一般的な意味で篤農家であったのでしょう。しかし、そのような農業に取り組むうちに健康を害し、農業のあり方を根本から問い直すことになったということです。

当時、川口さんが影響を受けた著作が有吉佐和子の『複合汚染』（朝日新聞社）や福岡正信の『自然農法』（時事通信社）であったとも聞きました。近代農業の負の面が明らかになった時代でもあったのでしょう。そんな時代に、失敗を繰り返し長い間かけて、自然の営みに沿う具体的な農業技術のあり方、すなわち自然農を明らかになさいました。その後、雑誌への連載、さらにはそれをまとめた著作を通じ自然農を世に出すことになったと聞いています。私も川口さんの著作を拝見し、自然農に興味を持った大勢のうちの一人です。

ところで、考えてみれば、農耕の始まり以来つまり人々が耕し始めて以来、文明の発展は自然から離れるばかりと言えるかもしれません。今後も、生命科学やＡＩ（人工知能）、ＩＴ（情報技術）の発展がさらに不自然な世界をもたらしそうな気配です。もはや人類は、自然を離れているというよりは自然を見失っているというほうが適当かもしれません。もちろん、私たちは自然を離れ利用することで多くの問題を解決してきたはずです。しかし一方で、解決不能を思わせる様々な問題を抱えるようになりました。

自然農は、自然を見失い離れるばかりの現代文明の方向ではなくて、自然の営みを味わい知り沿うことで、我々は様々な問題を解決し豊かに生きていけるはずだという気づきから始まった、具体的な工夫なのだと思います。

そういう意味から言えば、自然農を学び実践し工夫を重ねることは、人の生き方や産業社会のあり方を根本から問い直す静かな文明革命であるのかもしれません。

自然農と自然農法、有機農法

これらの言葉は、現在いろいろに使われているようなので、私なりに少し整理してみます。

自然農法という言葉、考えを最初に表明したのは、世界救世教の教祖であった岡田茂吉氏です。少なくとも、前世紀半ばにはその考えを世に出されています。科学農業が一般化する前に、その危うさを指摘なさった慧眼はさすがだと思います。

自然尊重とおっしゃり、化学肥料や下肥を使わず、肥料を使うとすれば草木堆肥（自然堆肥）にするべきだとしておられたようです。その後、教団の分裂に伴い、自然農法の取り組みも分かれたようですが、現在も信者さんを中心に熱心に取り組む方がいます。

一方で、自然農法自体は教団から離れて、講習会などもおこなわれているようです。私も、誘われて参加したことがあります。若い講師の方が、有機農法の一種として自然農法を説明していたのが印象に残っています。

自然栽培というのも最近よく言われます。もともとは、自然農産物の流通にかかわる方が、いわば商品の差別化のためにつくった言葉であるようです。しかし、今ではこちらの表現が一般的となっているかもしれませんね。リンゴの無肥料・無農薬栽培で話題になった青森県の木村秋則さんの活躍などがあったからでしょう。全体としては世界救世教系の自然農法の流れにあるようですが、最近では一部の農協に部会ができるなど、時代の要求に沿い、いろいろな取り組みとなっているようです。

それらの流れとは別に、海外でも知られる福岡正信氏もいました。彼も自身の農法を自然農法と呼びました。彼は農業試験場の研究者でしたが、実家のある愛媛県で農業者になりました。不耕起、草生で作物を育てることを世に出したのは、彼の功績だと思います。無肥料、無農薬、無除草、無耕耘……、草は緑肥などの草で制し、播種もばら播き中心というように、徹底して自然の営みを大事にする技術的特長があったようです。

晩年の福岡氏の講演を聞いたことがあります。「植物はずっと自然のなかで生きてきたのだ、農業をなぜ耕し自然を壊すところから始める必要があるだろうか、耕さず自然を大事にするところから始めるべきではなかったか……」と語っていたのが印象に残っています。

著作も多く出ていて、多くの方の関心を集めたようですが、農法自体が難しく再現性に欠けたのでしょう、十分な定着に至らなかったようです。

自然農を世に出した川口由一さんは、福岡氏の自然農法をもとに工夫を重ねたと聞いています。必要に応じて、苗を移植したり、点播き条《すじ》播きをしたり、草の管理をしたり……というように取り組みやすく、誰でも一定の成果が出るような工夫がなされました。取り組みやすくなったことから、多くの方が取り入れ、一定の定着を見ています。

川口さんが自身の農のあり方を、自然農法と呼ばず自然農としたのは、自然の営みに沿う農のあり方があるだけで、決まった農法があるわけではない、という考えからだと聞いています。つまり、条件の違いに上手に対応するということですから、至極もっともな考えだと思います。

このように岡田氏、福岡氏、川口さんは三者三様の農法ですが、私は共通点があるように感じています。それは、各氏とも自然を深く認識したところから技術的工夫をなさっていることです。そう考えると、表面上の技術的差異など小さなことのように思うのです。

有機農法の概念は、西欧から来たものでしょうが、今や国内でも一般的です。一般には、化学肥料や農薬を使わない農法全般を指して使われているようです。そういう意味では、一陽《いちよう》自然農園の試みも、化学肥料のなかった昔の農法も全部有機農法かもしれません。

今では、有機農業推進法（２００６年制定）ができたり、ＪＡＳ（日本農林規格）で有機農産物の規格（２０００年制定の有機ＪＡＳ規格）が定められたり、行政的な位置づけもなされています。

そもそも、慣行農法のアンチテーゼとして出された有機農法でしょうが、その根本には現代の科学農法同様、分別知、科学知からの発想があるように感じます。そのことが、たとえば有機ＪＡＳ規格にも

収穫中のチンゲンサイ（冬の畑）

反映されているように思うのです。そのあたりが、直感知による自然の把握から始まる自然農などとの違いかもしれません。

もっとも、実際に田畑で有機農業をなさっている方のなかには、自然の営みを深く認識している方もいます。

私が自然農を始めた頃、徳島県の有機農業の草分けであった方が何度も来てくださり、自然農の意義を逆に私に説いてくださり、激励してくださったものです。

「私は年を取って今さらできないが、君が始めたことは絶対に正しいから、がんばるように」とおっしゃるのでした。田畑で自然に向き合ううちに、自然の営みについての認識が深まるのでしょうね。

私は、自然農は有機農法の理想ではないかとも思っているのです。農法なんて、どれも人々を豊かにするためにあるのだから、結局何でも同じです。

自然農と現代農業

私も、今までに、いろいろと集落の役をいたしました。なにせ、役の数より人の数が少ないような田舎ですから、誰でも何かの役をしなくてはならないのです。

集落の役をして歩くと、自然にあちこちの圃場《ほじょう》を見ることになります。どこも、よくできているのに感心いたします。現代の農業技術は、誰が取り組んでも一定の高い成果が出るように工夫され洗練されてきたのでしょう。自然農をしている私など、よくまあこれだけできるものだと驚くほどです。

しかし一方で、生意気ながら、少し肥料が過ぎているのではないかと思うこともあります。これでは農薬が必要になるだろうと感じるのです。肥料を施す様子を見ていると、大変な作業を御苦労さまと思う一方で、水質汚染が起きるのも当然かもしれないと思います。誰かが大きな機械を使っていると、作業効率に感心する一方で、いやはや高価だろうなとコストのことが気になります。

「ダイコンを育てるのを教えたら食えるが、ダイコンを育てても食えない……」という言葉は、私が若い頃、篤農家の先輩から聞きました。

あれだけ充実した生産をして機械化も進んでいるのに、実際に農業で生活をしている人はいなくなりつつあります。農産物は過剰と自由化で値段が下がるばかりなのに、肥料や農薬、種苗、機械などの値段は上がる一方だから、農業で生活できなくなるのも当然かもしれません。

自然農の立場からすると、現代農業には、作物を健康に育てるという考えや、ちょうど良いところという考えがないようで気になるのです。たとえば、多収を求めるあまり、資材を多く使うなど各方面無理をしているように思えるのです。多収は多収だとしても、健全な多収ではないのではないかと、生意気なことを考えるのですがね。

自然農の有利な点に、作物を健康に育てられることがあると思います。作物の健康というのは、難しいことではありません。農薬をかけたりしなくても、作物が病虫害にあわないようなら健康なのでしょう。このあたりの考えが、農業の教科書に十分書かれていないようなのはなぜでしょう、不思議だと思います。

それはともかく、一般の農業技術は多収や市場規格に沿うことを第一の目的としているようですが、自然農では健康な作物を十分な量収穫することを目的といたします。

作物を健康に育てることは、じつは我々にちょうど良いだけいただくことにつながります。多収を考えても、自然の許す範囲での多収となるからです。たとえば、病虫害をもたらすほどの多肥栽培なんて愚かさを避けます。

自然の恩恵を上手にいただくと足りる、という気づきが自然農の根本にあるのです。

これは、人間の分、自分の分を弁《わきま》えるということでもあります。ちょうど良いだけ収穫する。じつは、私に良ければ、皆にとっても、すべての生命にとっても良いのです。なぜなら、自然の営みがそうなっているからです。

自然農は人にちょうど良いだけ収穫する農業のあり方です。現代文明や現代農業のように、どこまでも効率的に多く取る、多く生産するということにはなりません。一人は一人分で十分だからです。

そういうわけで、私一人では皆の分まではできません。皆が私と同じように上手にやってくれないと私の安心もないのです。だから、皆に何でも教えてあげたくなります。譲り合い助け合う気持ちが自然に起きるわけです。

我々は、やっと人間らしい心になれそうです。

作物が健康だと農薬が不要になります。健康だから育てやすいのです。耕さないのでトラクターなどが不要となります。草を生やすのですから、除草剤やビニールマルチなどが不要となります。自然に任せていたら、つまり草が生えるままにしていたら、田畑の生命量が増して、必要な肥料が少なくなります。私のようなプロでも身近な有機物が少しあれば十分です。そして、これが重要なことですが、自然に豊かになった圃場環境は植物にとっても良い環境なのでしょう、作物が健康に育つのです。

もっとも、このことは今の農学の常識ではないようです。しかし、それは農学が間違えています。自然農をしている人の間では、草を生えるままにしておけば、かえって作物がよくできるのは常識です。そんなことは、私自身も何度も経験しています。農学分野の先生方はなぜそんなことを知らないのか、と思うくらいです。

農業機械をできるだけ使わないで、手作業でいたします。使うのは鍬や鎌のような簡単な農具です。

私も、今のところ不十分ながら、それを目指しています。持続性を確保するためです。じつは、エネルギーを多く使わなくても我々は豊かに生きていけるはずだ、という気づきが根本にあるのです。ハウスなど使わないで旬《しゅん》のものを収穫いたします。これも同様に、旬のものを収穫すれば十分だという気づきがあるのです。

その結果どうなるでしょう。

農業経営を考えると、所得率（売り上げのうちの所得の割合）が極端に高くなります。生産のために、ほぼ何も必要ないからです。

私のところなら、必要なのはほぼ種代くらいでしょうか。その種だって、半分以上自家採種しています。まあ、ざっと所得率90％以上はかるいと思います。自然農なら、身の丈に合った、小さな生産と商売でもなんとかやっていけるわけです。

ちなみに、一般の農業における所得率は、もちろん条件によって大きく異なるでしょうが、総じてかなり低いと聞いています。露地野菜で20～30％、畜産なら10％台が普通でしょう。葉タバコのように自由につくれないものでも50％程度と聞きます。稲作なら、最近の米価では、かなりの面積でも赤字でしょう。補助金と心意気でなんとかやっているのが多くの実態だと思います。

薄利多売、厳しい競争、過重労働、無限の生産性向上と規模拡大、困難な資金繰り……、こんな無限地獄から、我々農業者は、やっと抜け出せるかもしれません。やっと、人らしく優しい心を取り戻せるかもしれません。

そういえば、ほんとうに生産をしているのは、自然の営み、つまり生命の営みだけだと聞いたことがあります。現代文明を支えている工業や工業化した現代農業は、生産をするよりはるかに多くの資源や資材を投入してやっと成立しているからです。

今の農業や工業は、じつは生産ではなくて消費だというのです。やればやるほど足りなくなる。自然界、生命界が長い間かけて蓄えた資源をあっという間に消費してしまいそうな現代文明です。我々が、いくら努力しても、いつまでも安心できないのは当然かもしれません。本当の生産は、自然の営みに沿う自然農にしかないのかもしれません。

ところで、作物が健康に育つと、味が良くなります。お客さんが自然と評価してくれて商売も続きます。当農園の商売が、ほぼ宣伝ゼロにもかかわらず、ずっと続いてきたのはそのためだと思います。私も日々食べていますが、お米も野菜も一般のものとはずいぶん違うと感じることが多いです。

お米は、一般のもののなかには、噛んでいるうちに口のなかで消えてしまいそうなのさえありますが、自然農で育てるとよほどしっかりしていて味があるように思います。野菜も、一般のは大きいばかりで総じて味が悪いように思います。

こんなことを知ると、現代農業技術の根本をなす化学肥料ですが、罪が深いのではないかと私は感じるのです。

自然農では肥料をたくさん使わない、というよりも、ほとんど無肥料に近いので地下水を汚染することがありません。農薬や除草剤類を使わないので環境汚染もありません。むしろ、生命活動の豊かな田畑は大地や水や空気を浄化しているはずです。

草生栽培をしますので、生物の多様性を守ります。というか、農作業がつくる二次自然により積極的に生物の多様性を守ることになっていると思います。自然農の田畑は、田畑という名のりっぱなビオトープだからです。

トラクターや化学肥料、農薬などを使わないので、生産にかかわるCO_2（二酸化炭素）の排出量は極端に少なくなると思います。加えて、田畑に有機物が自然に蓄積することを考えると、自然農は積極的にCO_2を固定していることになるかもしれません。

本来、自然農には欠けるところがないのだと思います。自然の営みには欠けるところがないからです。

さて、大事なことがあります。

自然農をするには、自然を知り自然に沿い農業をしなくてはなりません。時に応じて、田畑に応じて自由に働いていかなければならないのです。たとえば、私の書いていることにとらわれてはいけません。自由にして、しかも美しい健康な作物を十分に育てられなければ自然農ではありません。自由が自然だからです。わかるでしょ。

自然農は人を自由にする農業だと思います。つまり、人が人を全うするための農業なのです。そうです、人が人を全うすることを自然と言うのです。

自然農の生産性

自然農を本格的に始める前、私は有機農業の農場で3か月ほど研修させていただきました。その農場は平飼い養鶏をして、その鶏糞を使って有機野菜を育て、卵と野菜セットを販売していました。典型的な有畜複合経営です。

ずいぶん親切にいろいろ教えてくださいまして、私の商売のありようは、ほぼ研修先の商売のありようをそのままいただいたものです。もちろん、農業生産のありようは大きく異なりますがね。

それはともかく、その農場で研修していた当時、私が自然農をしたいと申しますと、農場主はじめ研修生の仲間からは、「自然農は良いかもしれないけれど、プロでは無理だよ」とアドバイスをいただいたものです。

そのアドバイスに従わず、私は自然農を始めたのです。ずいぶん無鉄砲なことでした。しかし、なんとか専業農家としてやってこられました。どうも、皆さんが思っていたよりもそこそこ生産が上がり安定していたのでしょうね。

ところで、生産性となると、土地生産性や労働生産性を語るのが普通ですが、そういう面から言えば、自然農は慣行農業にほとんど及ぶべくもないでしょう。また一般的には、秀品率とか一等米比率とかいういわゆる出荷規格に沿うことも大きな問題となりますが、そんなことも私は語ることができません。というのは、お米も野菜も全量がお客さんへの直接販売をしているからです。いわば、家庭菜園の延長のような気楽な商売をしてきたわけです。私がしてきた自然農はその程度のものですが、その範囲で生産性について考えてみたいと思います。

まずお米は、上手につくれば反当《たんとう》2〜3石くらいは取れます。天候などにより幅が出るのは仕方がないでしょう。徳島県の平均収量は反当3石余りだそうですから、反収でいえば大きく劣ることはないかもしれません。無肥料、無農薬ということを考えるとまずまずだと思います。もっとも、田植えも草管理も全部手作業でしますので安定的に取るためにはそれなりの技量が必要です。適期を逃すと大きな減収となるからです。また、近年台風やカメムシ被害などで不作の年が増えているようなのも気になります。

ところで、当農園で現在つくっている品種はアケボノです。昔は徳島でも奨励品種でした。どちらかというと晩生《おくて》で、西日本の手植え稲作に向いていると思います。お客さんの評判も良いです。出穂は当地では9月の初め頃が普通です。ちなみに、収穫量は、1・85㎜のライスグレーダーを通したあとの成玄米重です。

一方、労働生産性は、田植え、稲刈りなどほぼ全部手作業でしますので、一般的な機械稲作に比べればはるかに劣ります。手の回る面積でやるしかないのです。まあ、練達の人なら男性で2反前後、女性で1反前後の作付けはできるでしょう。

昔、母に手伝ってもらっていた頃は、約2・5人の労力で4反ほど作付けしていました。今は、少し楽をして、私ら夫婦で2反ほどの作付けとしています。適期に田植えがどれくらいできるかによって作付け可能面積が決まります。最も手間がかかるのが田植えだからです。つまり、田植えを工夫すればもう少しできるのかも、ということになります。もっとも、機械などをほとんど使わないので、わずか一反の作付けでも赤字にはなりません。

野菜類の生産性は、種類によってもいろいろですが、私のところの野菜セットの数で一応考えてみましょう。もちろん、野菜セットの数は、注文数あるいは販売数を示したもので、生産量を示すものではありません。端境期でも少なくともそれ以上の生産があった、くらいに考えてください。

野菜セットは、季節の野菜などを常に8品目以上入れることをお客さんと約束しています。野菜の少ない春は、タケノコやフキ、セリなどの山菜、野草を加えることもあります。季節には、ミカン類やカキやクリなどを加えたり、時には干しダイコンや漬け物、豆類などを入れることもあります。まあ、そんな当農園の野菜セットです。

自然農を始めて10年余りは、私も若かったので、毎週36セットを送るのを標準としていました。火曜日と金曜日が出荷日ですけれど、各18セットを目安としていたのです。多い時は45セット前後、少ない時でも30セットくらいは毎週お送りしていました。労働力は約2・5人。畑の面積は5~6反ほどでした。当時は、米糠などを肥料として今よりはおおむね多く使っていました。それでなくては育たなかったのです。

ダイコンの間引き。葉ダイコンとして出荷

母を亡くしてからは、労働力が減ったので、毎週26セットを上限としました。上限を考えたのは、端境期に無理をしないためです。その後、20セットを上限として現在に至ります。私らも、アラ還となりまして、年齢に応じて作付けを減らしてきたわけです。まだしばらくは、毎週15～20セットくらいは出せるだろうと考えています。

というのは、お客さんの数は減らしているものの、年を重ねて生産自体は明らかに安定してきているからです。この農業は、年を取ってもそれなりにできるだろうと思うのです。もっとも、年齢に応じて作付けを減らすなど無理をしないことが大事だと思いますがね。

一方、畑の面積は、私ら夫婦だけでやり出してから、８反ほどになりました。田の一部を畑としたからです。畑の面積が増えて作付けを減らしているので、草を生やし休ませるところが増えています。その分、必要な肥料はさらに減っています。

ちなみに、私の農園は、中山間地にあるので、そもそも土地はそれほど豊かなところではないと思います。生産の安定性はまずまずです。でき、不できはもちろんありますが、ずっと出荷を休んだことはありません。

ある年、春に全く雨がなくて葉物などが不作で、どうしても8品目そろわない時が1か月余りありました。それでも、お客さんの好意に助けられ、6品目で野菜代金は半分ということで商売を続けられました。生産が原因で休みを考えたのはその時だけです。

先に、自然農は慣行農業に生産性で及ぶべくもないと書きました。たしかに、収穫量や生育スピードあるいは手間を考えるとお話になりません。しかし、健康なものを育てるという条件をつけたら、ことによると自然農が勝つかもしれないと私は考えています。環境負荷など広い範囲で考えれば、自然農の圧勝かもしれません。もちろん、私の技術は発展途上で、自然農がさらに洗練される必要があります。自然農には、まだまだその余地があるということです。

ところで、自然農で人類を養えるのか、という質問はよくいただくところです。慣行農業はどうも続かないそうですし、世界の人口はしばらく増え続けるのだそうですからね。

私は、今後どうなるにしても、養えるだろうと思っています。

我々は自然から生まれ、食べて出して生きて、やがて死に、ふたたび自然に帰るでしょう。生きるとは、不増不減の自然の巡りに他なりません。だから、自然農で我々が生を全うできないわけはないと思うのです。

そして、さらに大事なことは、人が自然に沿い生きることにより、人口問題なんて自ずと解決するということです。人が自然に生きる、人が人を全うするだけで、つまり日々満たされて生きるだけで、人口なんて落ち着くべきところに落ち着きます。自然の営みとはそういうものだからです。

スギの木の上でカラスが子育てをしています。夫婦仲が良いです。カラスさえ自然のなかで、あのように子育てができるのに、なぜ私たちが人の数や食べていけるかどうかなんて心配する必要があるのでしょうか。そんなこと、初めから気にする必要すらなかったのだと思うのです。

それにしても、人が人を全うするだけで、満たされて生きるだけで、すべての問題は自ずと解決する……自然の田畑で働くうちに、どうにもそう思われるのです。いつの間にか生産性から離れてしまいましたが、私の自然農を通じての最大の収穫は、そう気がついたことだと思うのです。自然農の生産性は、とてつもなく大きいことに思い至るのです。

自然農――遊びと学び

楽しみとしての自然農と、学びとしての自然農にも少し触れておきたいと思います。

ストレスの多い現代であれば、楽しみとして自然農をすることは最も大事かもしれません。農業の癒し効果とか申しますが、自然豊かな田畑で働く喜び、楽しさ、気持ちの良さは格別です。自然農の学びの場などで農作業に取り組み始めた皆さんが一様に「楽しい」とおっしゃる。汗を流し、清々しい自然の気を味わい、日常を離れ心が解放されるのでしょうね。皆さん晴れやかなお顔になっている。大いにリフレッシュして家路に着かれることでしょう。そのうえ、収穫物も持って帰られるのですから言うことなしですわね。

徳島県でも、自然農を楽しむ方は大勢います。定年後あるいはお勤めをしながら、自然農で自給用のお米や野菜などをつくっています。なかには熱心な方がいて、趣味が高じて販売に至る方も出てきました。地主さんから、ずっと田畑を借りてくれと頼まれているのだとか。どうも、自然農を楽しんでいる方々も地域の農業を支える担い手であるのは間違いないようです。

農業の教育力とか言われますが、その面も自然農には優れたものがあると思います。というのは、自然の田畑で働くうちに自ずと自然の営みを味わい知ることができるからです。

自然の営みは、自然農の基礎であるばかりか、人の生き方や社会のあり方などの基礎でもあると思うのです。普通は、誰もがそう意識してないのですがね。そんな大事な自然の営みを、改めて体感できる。これは、学びというよりも、宗教的体験ともいえるような深い気づきとなるはずです。

今や、子どもよりも大人が学ばなければならない時代かもしれません。インターネットで世界の知識や情報を集めることを少し置いて、あなたの足元にある自然の営みを静かに味わうことが大事だと思うのです。まず、ここにあるこの確かなものを味わい知らなければ永遠に答えに至りません。ほら、あなたのところにもあるでしょう。

この時代、自分の生き方を問い直すべく自然農の門を叩く方も多いです。そんな方々の多くが、自然農を学び取り組むうちに各々の進むべき道を明らかにしているようなのも、当然かもしれません。迷った時の、自然農であります。

自然農の課題

ずいぶん前のことですが、私は大きな自然農の勉強会に参加していました。自然農をそれなりの期間やっている人が１００名余り集まっているとのことでした。

話を聞いていた私は、失礼ながら内容のゆるさにいささか退屈していました。全体のゆるさがどうにも気になって、お米の収穫量を測っている方がどれくらいいるか試しに聞いてみたのです。驚きましたね。なんとゼロだったのです。

皆さん、楽しみとして自然農をなさっていたのでしょう。農業としてお米づくりに取り組んでいる方がいない……。どうも、プロ農家の私のほうが場違いだったのです。退屈するわけです。もちろん、楽しみも大いによろしい。しかし、それだけでは自然農が農業技術として練られませんわね。長く勉強会を重ねても、自然農が一人前の農業にならないわけです。いやはや。

自然農を世に出した川口さんは、もともとは専業農家であったと聞いていますが、私が見学におじゃました当時、すでに自給用の稲作や家庭菜園をなさっているだけのようでした。つまり自然農は自給用技術として世に出たのです。だから、趣味的な取り組みをする方が多いのは当然かもしれません。しかし、それにしても少し極端ですわね。

それには、川口さんが主宰していた自然農の勉強会も影響していたのだと思います。後ほど述べるように、彼の勉強会はあえて俗を離れ人の生き方の根本を問うような格調の高いものでした。農業を正面から扱わないのは、いわば方便であったはずです。しかし、いつの間にかその方便にとらわれ、農業がおろそかになってしまったのでしょうか、難しいものです。

後日私は、いささかの危機感を持って、自然農なる農業経営について語ったことがありました。すると、複数の方が異論のある様子で「自然農は自給でしょう」とおっしゃる。なるほど。

私にとり懐かしい言葉でもあります。その昔、私が有機農業を学び研修していた頃、「農業は自給を中心とするべきだ」とよく聞いたものです。現在も主流となっている大規模単作経営にたいする批判であったのでしょう。工業化して無理が生じた農業を本来のところに戻すべきだという考えです。そういう意味で言えば「自然農は自給でしょう」というのも、そのとおりだと思います。しかし、これはあくまで農業上の言葉です。

農業は、自給は当然として、その上に余剰を生み出し、他の多くの人々の役に立つのが本来の役割でしょう。それは農業が始まって以来の、そして今後とも変わらぬ使命だと思うのです。そうして農業は、家族や地域社会や国家や人類や文化文明を支えてきたのでしょうからね。加えて、他の役に立つことは人の生き方の根本にもかかわる大事です。

しかるに、現在の自然農はどうでしょう。プロ農家や本格的な自給に取り組む方もいますが、それらはいまだ少数で、米や野菜の自給さえおぼつかないような趣味的な取り組みが大勢です。もちろん、楽しみも健康増進も大いによろしい。しかし、私ら村人はそれを農業とは呼びません。つまり、今の自然農は農業技術ですらないのかもしれません。

それを知っている私は、「自然農は自給でしょう」という言葉に、いささか浮き世離れした軟弱さや愚かさを感じるのです。まるで自然農により農業に答えを出すことを避けているようにさえ思えるのです。現実から逃げているようにしか思えないのです。いつの間に、自然農はこんな馬鹿馬鹿しいものになってしまったのでしょうか。私らが自然農を学び始めた当時は、熱く農業を語り合ったものですがね。今の自然農にまとわるこの軟弱さに触れ、たとえばプロ農家になるべく自然農を学び始めた多くの方が離れていったはずです。この体《てい》に、長く自然農にかかわってきた私は大きな責任を感じています。

当然のことながら、どんなに時代が変わろうとも、農業に答えが出せないようでは自然農ではありません。自然農という技術、生き方が本当に優れているならば、農業に答えが出せて当然でしょう。

今の時代なら、皆が喜んで使ってくださるような農産物を十分収穫し、少なくとも生活費を稼ぎだせるほどの生産性がなくて、何が自然農でしょう、何が自然農なる生き方でしょう。仮にそんなことすらできないならば、自然農を皆に語ることすら害悪です。口に出すのも、汚らわしい。私は、そう思う。

自然農の課題は、農業をすることです。自然農を通じて、健康な農産物をしっかり収穫して、皆に喜んでもらえる良い農業をするのです。そのために、農業者として、人として力をつけるのです。そうあってこそ、一人前の自然農でしょう。

それにしても、こんなことを今さら語らねばならんとは、いかにも遺憾であります。

今はどうにも力不足であるにしても、私は本来農業の中心に自然農があって然るべきだと思うようになりました。どうも、自然農なる農業経営は最もたやすく、自然農なる生き方は最も安心であるようだからです。自然に沿っているからです。これが長いこと自然農による農業経営をしてきた私の結論でもあります。

もちろん、ゆるいのも必要です。人間、どこかゆるくなくて生きていけるものですか。しかし、志ある方はぜひとも自然農なる農業にチャレンジしていただきたいものです。自然農を、農業技術として、農業経営として、農業思想としてさらに練り上げようではないですか。

じつは、農業という責任を担い、なおゆるくあるようならば、自然農も農業者も一人前になったということでしょう。そして、一人前の自然農は、農業に答えを出すにとどまらず、私たちの生き方やこれからの文化、文明のあり方にきっと答えを出すものになるだろうと思うのです。自然農を冗談で終わらせるわけにはいかないのです。

第2章

NATURAL FARMING

農水省勤務から自然農の道へ

勢いよく分けつが進む稲（品種はアケボノ）

都会と畜舎

昔のことですが、自然農に出会った頃のことを少し紹介します。

私は農林水産省に入り、2年目には、宮崎県の牧場にいました。その当時、畜産技官は本省で1年間コピー取りをすると、2年目から現場に出るのが普通でした。私は実家が養豚農家であったこともあり、ブタの育種を希望したのです。

その当時の宮崎牧場は、ブタと乳用牛の育種改良をやっていました。その後、メンヨウや肉用牛も入ってきて、国の牧場としては西日本最大であったと思います。当然、場内では大きなトラクターなどが行き交っています。それで、道は隅々までりっぱに舗装されているのです。

初めて、ブタのエリアに行った時のことです。更衣室から豚舎までかなりの距離があるのですが（防疫のため外部との距離を十分取ってあるのです）、現場の方々が一列となって道の端を歩いて豚舎に向かうのです。車など走らないのだから、道のまんなかを歩けば良さそうなものです。不思議に思い問いますと、「端を歩くと楽だよ」とおっしゃる。

実際に歩いてみると、なるほど、草が生えている道の端を歩くほうがずっと楽です。都会に憧れるばかりの田舎育ちの青年には、新鮮な発見でした。

牧場時代も、まれに東京への出張がありました。会議などに出て、宿に帰ると足がずいぶん疲れているのに気がつくのです。改めて都会には地面がないのだと思い至りました。

都会は畜舎と同じで、端から端までコンクリートやアスファルトです。なるほど、都会の人は６か月で肉となる肥育豚並みなのだな、健康管理に気をつける繁殖豚なら土の上を十分歩かせるのになあと思ったものです。

それで、寝転がり考えていると、都会と畜舎が重なるように思えてきたのです。

端から端までコンクリートの狭いところに大勢いて、夜でも明かりをつけて、皆さん日本経済のためにがんばっている。ストレスもあるでしょう。緑が少なくて空気が悪い。ひどいのは水。牧場の家畜よりひどい。

牧場の家畜は高原の湧水を飲んでいる。ペットボトルに詰めれば売れるほどおいしい水。都会のそれは、浄水器がなければ、みそ汁もつくれないほどひどいもの。

加えて食事が全くいけません。田畑から離れている極めて大勢の人に食料を供給するために、効率が優先されて、皆さん一年じゅう同じようなものを食べている。季節も風土もあったものじゃない。これでは、なんとなくニワトリやブタが食べている配合飼料と重なって見えてきませんかね。

ところで、家畜の世界では、ずっと以前から、そのへんに普通にいる微生物などが、ある時急に病原体となって深刻な病気を引き起こすことが問題になっていることを御存じでしょうか。日和見感染と言いますが、衛生対策や薬、ワクチンの開発だけでは追いつかないのです。真の原因はストレスとも言われていますが、多くが、いまだ不明です。

ストレスと言えば、それが高じると、ニワトリが仲間をつつき殺したり、母ブタがあろうことか子ブタを噛み殺すなんてことも古くから知られています。家畜の心の病ですね。

一方、人間界はどうでしょう。

皆さん、だいたいダイエットをしなくてはいけないほど栄養状態はよろしい。衛生状態もずっと良くなっています。というか、むしろ神経質に過ぎるのではないかと思うくらい。

それでも、毎年インフルエンザや花粉症で大騒ぎ。きっと、鳥やスギたちも迷惑しているでしょう。少し前には、O《オー》157なんてのもありました。病原性大腸菌だとか。大腸に普通にいるから大腸菌。それが病気を引き起こす？　ダニに噛まれて熱が出て死ぬ方までいるとか。今頃風疹で大騒ぎ……。

ワクチンや抗生剤などが次々と開発されて医療費は増えるばかりのようですが、食中毒や感染症が次々と起きるのは、どうも家畜の世界と同じです。

加えて、毎日のように報道される、耳をおおいたくなるような、かわいそうな事件の数々。児童虐待、いじめ、差別やヘイトスピーチ、ネット上の集団ヒステリーなどなど、人の心の病をうかがわせる例には事欠きません。近頃、ひどくなっているようにさえ思われます。

いやはや、人間界も家畜並みとなっているのかもしれません。

きっと、ウィルスや細菌などをいくら問題にしても病気は減らないでしょう。いくら対策を立てても、次々と新しい病気が起きるはずです。そして、人の心の病も深くなるばかりかもしれません。家畜の世界と同様に。

人間の生活の側に問題がありそうですからね。つまり、このままではお医者様は忙しくなるばかりで、財政は破綻必至というわけです。それにしても、我々は、ここまで不自然な生活をしてお金もうけをしなくては、豊かに生きていけないのでしょうか。

ところで、こんなことに気がついたのは、私が現代社会や技術のあり方に疑問を持つきっかけとなりました。

健康なブタの肉ならおいしい

私はふたたび本省にいました。豚めん羊係長といういささか愛敬のある名の役職に就いていたのです。

ちなみに、私の向かいには肉用牛係長さんがいて、右には馬係長さんがいました。いずれも愛敬のある名ですが、皆さんとても忙しくしていました。ことに、牛肉とオレンジが自由化される頃ですから、肉用牛係長さんはその対策で、てんてこ舞いの忙しさでした。

「養豚ビジョン90'」なる勉強会が持たれたのはそんな時代です。畜産局（現、畜産部）内のブタの人（ブタ牧場出身の技術者）が中心となっての勉強会でした。

牛肉自由化の頃ですから、牛については局内でずいぶん議論されていました。しかし、食肉消費の中心にあるブタについては、あまり議論されていなかったのです。そこで、この先10年間を見通した業界と施策のあり方を考えようという勉強会で、報告書もつくられました。それにおまえも加われということで、私も末席に参加したのです。

何回か持たれた勉強会は、業界の第一線にいる方を招いて、お話をうかがい、我々が質問し議論をするというかたちで進められました。

お招きしたのは、養豚家はもちろん、農業団体、流通加工業界、小売業界、輸入商社等々、実際の現場で畜産や食肉にかかわるいわばプロ中のプロの方ばかりでした。あれだけの人材を集められるのは、役所ならではだったと思います。

勉強会の内容は忘れましたが、今でも忘れられないやり取りがあるのです。

「おいしいブタ肉はどんなブタ肉でしょう」と私は皆さんに聞いてみたのです。すると……。

「健康なブタの肉ならおいしいですよ」と皆さん口をそろえてお答えになったのです。皆さんが同じ答えだったのには驚きましたが、当時の私にはじつに新鮮な言葉と感じられたのです。と申しますのも、牧場時代にブタの育種改良をしていたからです。

当時の育種目標は、早く大きくなり背脂肪が薄くロースが大きい、というようなのが中心でした。つまり、早く多くの肉を得るための育種改良ですね。

そこで私は、次の課題として、肉の味を目標にブタの改良ができないかと考えたのです。少し文献を集めて勉強してみました。しかし、肉の物理的特性や化学的組成と実際の感応検査の結果が必ずしも結びつかないのです。

これでは、とても事業化できないと感じていました。もっとも、そんなことが簡単にできるのなら、世界的な育種会社がすでに取り組んでいたはずですがね。まあ、そんなわけで先の質問となったのです。

「健康なブタの肉ならおいしい」

当時の私にとり、目から鱗の一言でした。そして、我々技術者は、小さな点を問題にするあまり、全体が、大事なことが見えていない場合があるのではないか、と思い至った一言でもありました。

ところで「健康なブタの肉ならおいしい」の言葉の裏には、不健康なブタもいるということですね。

今の改良されたブタは、１kgほどで生まれて、わずか6か月足らずで１１０kgの肉豚となるのです。少し驚くような生物が我々の食卓を支えています。おそらく、生物としてどこか無理をしているのだと思います。飼料をたくさん食べます。運動不足、密飼い……。ストレスも多い。そんなわけで、養豚の現場は常に病気の発生が問題となっていました。

一般的な衛生対策はもとより、飼料に抗生剤を添加したり、ワクチンを利用するなど種々工夫されていました。もちろん、新しい薬も次々と開発される。それにもかかわらず、次々と新しい病気が発生し問題となるのです。農場でも、日本でも、世界でも……。きっと、今も状況はそれほど変わらないのだと思います。

当時、すでに欧米ではアニマルウェルフェア（動物福祉）がいわれていました。人道的配慮に加えて、この負の面への対応であったのだと思います。遅れること30年余。最近日本でも動物福祉が語られるようになりました。

しかし、他国の余剰穀物に大きく依存して発展してきた日本の畜産は、日本の風土から大きく離れてしまい、動物福祉を考えても必ずしも十分なものとならないようです。そして、それはそのまま現代の我々の不自然な食生活につながっているのだと思います。

それはともかく、これらのことは、私が自然農に関心を向けるきっかけとなりました。

頭数が多過ぎる

役人時代は、終電車で帰るのが普通でしたが、その日はことに遅くまで残業していました。もう日付が変わっていたでしょう。一人パソコンに向かっていると、先輩係長のMさんがいつものようにやってくる。

「沖ちゃん、がんばってるね」という調子です。

彼の仕事場は本館にある別の課だったのですが、わざわざ連絡通路を渡って、別館にいる私のところに時々話に来てくださるのです。というのも、彼もブタに関係した仕事をしていたからです。

私の仕事は、優良な種畜や新技術を普及するなどの、いわば攻めの施策を立案すること。彼の仕事は、農家の負債対策や畜産公害対策などの、いわば守りの施策を立案することだったのだと思います。

その当時、経営戸数は急速に減少する一方、経営規模は急速に大きくなりつつありました。加えて、国内総飼養頭数は、まだ少しずつ増加している時代でした。

養鶏や養豚産業は、構造改善の優等生のように考えられていましたが、それだけに各方面で無理が起こり、負の面が深刻化していたのです。そんなわけで、Mさんもいつも難しい案件を抱えていて忙しくなさっているようでした。

その日も、いつものようにインスタントコーヒーでも淹れて、少し仕事や業界の話をしたのでしょう。話の内容などとうに忘れましたが、彼の次の一言は忘れられません。

「頭数が多過ぎるんだ、頭数を減らせば全部解決する……」

当時、国内のお米の生産量は、今よりずっと多くて、年間900万t余りだったでしょうか。一方、飼料用穀物だけで年間2900万t余りも輸入していたのですから、日本列島が悲鳴を上げるわけです。そもそも、廃棄物の量が国土の浄化能力を超えているのです。

また、農水省と背中合わせにある厚生省（現、厚労省）は、すでに日本人の食事のPFC（タンパク質、脂質、炭水化物）バランスが崩れていると指摘していました。日本人は、タンパク質や脂質を摂り過ぎているから、もう少し炭水化物を食べるべきだと言うのです。このバランスは、現在はさらに崩れているのかもしれませんね。

とにかく、ブタ肉の国内市場は、当時すでにほぼ飽和状態になっていたわけです。そのうえ、輸入肉も入ってくる。当然生産者は薄利多売を強いられる。そこに、公害対策、衛生対策の費用がのしかかる。厳しい経営環境となりますわね。

養豚家の倒産、廃業件数は急速に増え、生き残った者の多くは、規模拡大に活路を求めていたわけです。もちろん、規模拡大には多くの資金が必要です。現在の農業状況を先取りしていたのですね。

そんななかで、当時の農水省は、まだまだ生産性の向上一辺倒、産業振興中心。急速に進む規模拡大を良しとする人が多いのは現在と同じでした。Mさんが忙しくなるのも当然でした。

「それはそうだけれども、それは言い出せないよね……」二人で笑いましたが、彼は疲れていましたね。

深刻化する地球環境問題を考えましても、この問題は人類共通のものとなり、現在も解決できぬまま残っています。おそらく、今世紀最大の課題でしょうね。

そして、この一言、私にとり自らの生き方を根本から考え直すきっかけとなりました。

本当の豊かさ

あれは、いつだったのでしょう。とにかくバブル景気全盛期。「24時間戦えますか」なんてテレビのCMが言っていた時代。

私は疲れて、電車の吊り革にぶら下がり、ぼんやり吊り広告を見ていました。

ある雑誌の特集が、当時行われた「本当の豊かさとは何か」をテーマとしたシンポジウムの内容だという。

笑いましたね。少々ショックでもありました。

空前の好景気に沸くバブルの時代に、本当の豊かさについて日本を代表する知識が集まり議論をする……？　何と、豊かさについて結論が出ていない!!。

私は、何のために毎日努力し、仕事をし、がんばっているのかとしばし考えましたね。人類の努力は、実のところ目標が曖昧なままの努力なのでしょうか。現代文明は、実のところ目標を見失い漂流しているのでしょうか、今も。

考えてみれば、お金は鍬や鎌と同じような道具の一種です。上手に使って初めて値打ちが出ますわね。道具は、なければ困るが、多いほど豊かというものでもないでしょう。たとえば、鍬が余るほどあって困る人はいても豊かだと思う人は少ないかもしれません。じつは、お金も同じようかもしれませんね。まあ、私は想像するだけですがね。

ところで、自然農をしていて気がついたのは、自然に生きる時、自ずと安心に至るらしいことです。なんとなく満たされるのです。そこでは、改めて豊かさについて考える必要がないようなのです。つまり、我々が見失っているのは、豊かさではなくて自然なのではないでしょうか。

それはともかく、このショックにより、私は都会生活に見切りをつけ田舎で自然農をしようと決めました。

「神の存在を信じる」

当時、私ら夫婦は埼玉県大宮市（現、さいたま市）の公務員宿舎に住んでいました。６００戸ほどの比較的大きな古い団地でした。大宮貧民街なんて自虐的に呼んでいましたが、若い方が多くて、子どもたちも走り回り活気がありましたね。

自然農を学び始めた私は、そこで家庭菜園をすることにしたのです。

団地の裏庭の隅に小さな小さな畑を始めたのです。私の他にも、あちこち小さな畑を営む方がいました。国有地を畑にするのですから違反でしょうが、人は土に触りたくなるのですね。

私が始めた場所は、団地内のいわば耕作放棄地でした。前に、明らかに誰かが畑にしていた場所ですが、捨てられ草が生えていたのです。うまく、自然農を始められたわけです。

畑の隅にキュウリを播きました。道との境にフェンスがありまして、ちゃっかりそれを利用してのキュウリづくりです。作業をしていると、連れ合いが見に来まして、こう言うのです。

「これでキュウリがなったら、私は神の存在を信じる……」

庭の端の草原《くさはら》にそのままキュウリを播いているのですから、そう言うのも無理ないですね。ところが、そのキュウリは順調に育ち、数本ながら収穫できたのです。おいしかったですよ。その他にも、スイカやらバジルやらいろいろと育てました。そこそこ楽しく収穫できましたね。おもしろいのは、前の方がきっと耕していた畑のまんなかのあたりのできが悪く、端のあたりのできが良いことでした。耕していないだけ、生命活動が活発だったのでしょうね。それにしても、このようにどこでも自然農はできるのです。

さて、その後連れ合いが神を信じたかどうかは不明です。どうも、私同様に信心事には淡泊なほうだから、意識にもないかもしれません。それでも、私は、自然農をするうちに、自然や生命の営みの確かさは感じるようになりました。

「取っても取らなくても同じ」

川口由一さんの田んぼに初めておじゃましたのは、6月の田植え前だったでしょうか。裏作の麦が見事に実っているのに、収穫されないまま黒くなり倒れようとしていました。

「もったいない」

私は思わず口に出しました。すると、たまたま横に立っていた川口さんがこうおっしゃったのです。

「取っても取らなくても同じですから……」

笑いましたね。何とも新鮮で愉快になったのです。毎日生産性の向上とか何とか考えていた当時の私には、全く思いがけない言葉だったのです。なるほど、自然の巡り全体を考えれば、収穫してもしなくても同じですわね。もっとも、農業を熱心にしている方なら、そんなことを言うと怒り出すかもしれませんね。

それからも、彼の勉強会に通いました。定期的になさっていたのです。「全有に立つ」、「自他一体にして、個々別々」、「人生無目的」、「覚める」、「謙虚になる」、「生命《いのち》の理、生命《いのち》の道」、「100%自力、100%他力」、「人間の分、自分の分を弁《わきま》える」……。

少し考えても、川口さんの勉強会で聞いた言葉が次々と出てきます。いずれも深い内容をたたえた言葉です。ひとつずつにコメントを始めると、それだけで一冊の本になるかもしれません。

このように、川口さんの勉強会は、農業技術の勉強会でありながら、さらに深い内容に及ぶ格調の高いものでした。それゆえ多くの方が、自然農を通じて、いわば人の道を明らかにするべく参加していたのだと思います。

ところがです。やがてプロとして自然農に取り組み始めた私のごときは、お金もうけのことがどうしても気になる。当時は他にもそんなのがいて、そのへんの話で勝手に盛り上がる。するど、あまりの程度の低さに川口さんは気分を害されたのでしょう。「自然農の勉強会では商売を持ち出すべからず」ということになってしまった。いやはやなんとも。

ところで、いわゆる農業問題は産業革命以後登場したのです。農業と工業の生産性の格差が問題となったのですね。

「他産業従事者並みの所得の確保」は、旧基本法から現在に至る農政上の中心課題です。世界的に見ても、今なおこの問題に答えを出している例はないでしょう。強いて言えば、オーストラリアなどの生産条件にことに恵まれたわずかな国々で、問題が少ないくらいです。端的に言えば、「人並みにどうやってお金を稼ぐのか」がいわゆる先進国での農業問題なのです。

あろうことか、自然農の勉強会では、その大事なお金もうけを取り上げぬということになってしまった。つまり、自然農は現代の農業技術であることを放棄した、いや超えてしまったのです。さあ、これは成功であったか、失敗であったか、今後の我々にかかっているのでしょうね。

良く言えば俗を離れるに大胆、悪く言えば何を考えているのやらとなるでしょう。もっとも、これくらいの破格が簡単にできる人でなくては、自然農はとても世に出せなかったでしょう。

さて、川口さんから聞いたことです。

川口青年は、福岡正信氏の著作を頼りとして自然農法を試みたのです。しかし、初めはお米が十分育たなかった。7反の作付けで種籾を確保するのがやっとだったと聞きます。それを2年続けたのだとか。

不耕起、草生で種籾をばら播きしたのでしょうが、今までの多くの例同様、草の管理が間に合わなかったわけです。3年目に移植の方法をとり、つまり田植えをしてやっとお米が育ったそうです。その後も、野菜類の栽培について長い間研究なさったと聞いています。それにめどがついた頃、初めて雑誌を通じて自然農を世に問うことになるのですね。

それはともかく、私が注目するのは、彼がお米づくり野菜づくりで失敗を重ねている時、気持ちが揺らぐことがなかった、とおっしゃっている点です。

川口さんは、お米や野菜のでき、不できを超えて自然の営みの確かさを味わっていたのだと思います。それで失敗しても、必ずできるはずだ、できないのは自らの対応が悪いのだと思えたのでしょう。それが自然農の工夫につながったのですね。

川口さんの、この宗教的資質ともいえる洞察力の確かさ深さを思う時、私など舌を巻かざるえないのです。

これが、私のように、どうやってお金を稼ごうかなんて考えるばかりの凡俗ではこうはいきません。きっと、お米が一年育たなかったら、さっさと逃げ出します。他に、そこそこお金を稼いでいる農業のあり方があるのですからね。

福岡正信氏の自然農法を一般的なものにするのは、川口さんの出現を待たねばならなかったのだと思うのです。

川口さんは、せめて自らの勉強会は、俗を離れて生命や自然の営みに思いをいたす場にしたかったのでしょう。私ども凡愚な後進に、道を明らかにさせようという親心ですね。

私は、そんな勉強会に出会い参加することができて、本当にありがたいことでした。自然や生命の実相を深く考える機会をいただいたのですからね。つまり、生き方の基本、農業の基本を考えることができたわけです。

もちろん、商売においても具体的に道を明らかにする必要がありますが、それは川口さんの人生ではなかったのでしょう。実際に各々の農業に答えを出すのは、後に続く我々に残された小さな課題なのだと思います。

「何もしないという馬鹿者」

私が自然農を始めて間もない頃、畑で作業をしていると、近くの道に上等の車が2~3台止まる。ネクタイを締めた、見かけない紳士が大勢降りてくる。先頭で来るのは、役人時代にお世話になったSさん。「徳島に講演に来たので、君のところを見に来たのだ」とおっしゃる。連れてきたのは県畜産界のお歴々。畑を御覧になって、「これで食べていけるのか」と聞くので、「はあ、なんとか……」と答えたものです。

Sさんは畜産家であり、実業家でもありました。獣医として従軍し、敗戦、これからは畜産の時代だと考え、養豚などの畜産業に打ち込んだと聞いています。

彼の『養豚大成』という著作は、当時の養豚技術者のバイブルのような本でした。その他にも、硬軟合わせて多数の著作をなしておられました。中国古典獣医学に関する本も出されていて、興味深く拝見したことがあります。お弟子さんもたくさん育てられて、現在も養豚家の多くが彼のお弟子さんだと思います。戦後、日本の養豚業、畜産業の基礎をつくった方といって間違いないでしょう。

一方、多くの農業団体の要職を務められた他、農水省の審議会委員などもなさっていました。審議会などで、彼が生産者代表として学者や役人とやり合うのを、私も何度か聞いたことがあります。実力、見識とも学者や役人の及ぶところではなかったと思います。

そんな彼が、役人時代の私をなぜか大事にしてくださいまして、会議で御一緒した時などに親しく声をかけてくださる。彼の経営する食肉テーマパーク?にも何回か招いてくださり、実践経験からの興味深い話を聞かせていただきました。そういえば、食肉売り場で、豚シャブ用のロースに見事にサシが入っているのに感心したことがあります。聞けば、サシの入るデュロック（ブタの品種名）を2系統持っているとおっしゃる。民間の育種技術の高さを思ったものです。

私が突然役所を辞め、農業を始めたと聞いて、彼は心配してわざわざ来てくださったわけです。「これから講演会だから君も来い」とおっしゃる。その折、徳島市のJA会館で彼が語ったのが次でした。「優れた養豚家は、ブタと話ができなければならない。ブタのことが手に取るようにわかって、きちんと対応できなければ一人前とはいえない。愛媛に、自然農法だか何だか知らんが、何もしないという福岡（正信氏）とかいう馬鹿者がいるが、あんなのは駄目だ……」

そのうち演台の上から、「徳島に沖津君が帰ってきたが、彼をよろしく頼む……」なんて私の就職の心配までしてくださるのでした。

あれは、ありがたいやら困るやらでしたがね。後段は置くとしても、「優れた養豚家はブタと話ができなければならない……」は、私にとり自然と放任の違いを深く考えさせられた言葉でした。

自然は、人が何もしないことでは、もちろんないですね。

自然農について、耕さない、草を取らない、肥料をやらない……、なんて「ないない農業」だと思っている人がわりに多いようです。しかし、それはやはり理解が浅いように思うのです。

自然農は、自然や生命の実相を弁えた上で、人の持つ知識、技術、技量のすべてを注ぎ込み、初めて完成するものだと思います。そういう意味では、川口さんから始まり多くの方々が取り組み始めた自然農ですが、まだまだ原基に近いのだと思うのです。今後、さらに多くの農業者により、地域風土に応じ、田畑に応じ、作物に応じ、目的に応じ……、実践工夫が重ねられ、洗練され、世界じゅうで成果が上がりはじめて自然農が一人前になるのだと思うのです。

我々は、きっと最善の農業を手に入れられるはずです。人が人の最高の能力を発揮してこその自然だからです。

自然農に出会う

時々私は、なぜ自然農が続けられたのかと問われることがあります。多くの方がプロを目指し、自然農にチャレンジしたのに必ずしも皆が成功しない。多くは早いうちにやめてしまいます。それなのに、なぜ沖津さんは続けてこられたのか、と言うのです。とりあえず、どうしてもやりたかったから、他に知らないから、運が良かったから、馬鹿だから……、くらいに答えることになります。しかし、じつはそれだけではないのだと思っています。

最初の頃、私に迷いがなかったわけではありません。もちろん、良いと考え自然農を仕事としたのです。しかし、どうしても、これが間違いだったらどうしようと不安になるのです。人生をかけて、家族を引き連れてのチャレンジですからなおさらです。

今でも失敗することがあるのですから、初めの頃は失敗の連続です。失敗して、できの悪い作物を仕方なく世話していると、頭の上から「アホー」という声。見上げれば、道行く小学生が私のことを「アホー」と言っているのです。子どもは正直なもので、きっとお家《うち》で親御さんが私のことを馬鹿者とおっしゃっていたのでしょう。失敗して落ち込んでいる時は、子どもに言われてもこたえます。

まあ、草のなかでできの悪い作物をヒーコラ育てているのですから、馬鹿者だと言われて当然ですね。家族は、最初は就農に反対していた両親はじめ、私のチャレンジに全面的に協力してくれました。しかし、まわりの多くはほとんど「アホー」、「馬鹿者」、「変人」という扱いです。私にしても、良くできた時はいいけれど、手探りでやっているのだから失敗することも多い、弱気になりますわね。これが正しかったのかと、不安になるわけです。

ある春の日、私はそのへん考えながら畑を歩いていました。疲れて畝に腰を降ろしてまた考える。そのうち、考えるのにも疲れてひょいと立ち上がる。すると、たまたま目の前にあった白いエンドウの花が目に入った。

その瞬間、「これで良い!!」という確信です。不思議なようですが、もう理屈ではない理解です。

その時は何を見たのだかわからない。しかし、確信だけは得たのです。あれは、エンドウの花を通じ自然に出会ったのだと整理がついたのは、よほどあとになってからです。

私が本当に自然農に出会ったのは、あの白いエンドウの花を見た時だと思います。しかし当時、そんなことを感じたのは一瞬で、また作業に追われ日々過ごしている。それでも、もう不安になることはないのです。それくらい強い出会いでした。その後も、農作業をしているうちに何度も自然に出会うので

一陽自然農園始まりの頃。家族で記念写真

収穫期のミズナ

大蔵ダイコン。耕さなくてもできる

す。

たとえば、当農園の見学会の日。以前は、午後から見学会をしていました。午前中作業をしていて、肥料が多過ぎたのか、葉物にひどく虫害が出ているのを見つけました。こんなの恥ずかしくて皆に見せられない、と思う。しかし仕方がありません。昼食後、時間となり皆と一緒に畑に出て行く。すると、不思議なことに、畑を見たとたん「なんとも良い!!」と思えて楽しくなったのです。「こんなりっぱな畑、どなたがやっているのでしょうね」なんて皆に話をして、大笑いすることになりました。虫害なんて超えた自然の営みの確かさを味わい楽しくなった、とでもいえるでしょうか。

この、自然の営みの確かさを味わうことで、私は自然農を続けてこられたのだと思います。天地がこれで良いと言っているのです。まわりの人が何と言おうと、へのカッパです。失敗しても、私の力が足りないだけで、少し工夫をすれば必ずできるはずだと思われるのです。それで、ずっと工夫をしながら、自然農を続けてこられました。続けるなかで、自然農でこそ農業に答えが出せる、という確信ともなっています。

それはともかく、先覚者は自然を正確に見ていたので、自然農法や自然農の工夫がたった一人で続けられたのだろうという私の推測は、この経験から来ています。私は、川口さんのお話などを通じて初めて自分の味わったものの整理がついたのですがね。逆に言えば、自然農にチャレンジして続けられない人の多くは、そこに至る前にやめているのだと思います。孤独や不安を超える確かなものをつかまないと、まだまだできない自然農なのかもしれません。パイオニアはつらいのです。

ところで、私は初めから自然を見ていたのです。初めて、川口さんの田畑を見せていただいた時、清々しい田畑の姿に楽しくなったものです。見ている。しかし、認識が正確でなかったのだと思います。正確に認識するための人間的力量が不足していたのでしょう、

多くの見学者が清々しさに感動して自然農を始めても、認識が正確でないと工夫が続かないのでしょう。プロの場合は、求められるものが高いゆえ、ことにそうなるのでしょうね。

ところで、私の母が川口さんの田畑を初めて見せていただいた時の感想は、「一陽、稲はまだしも野菜は商売にならないよ」でした。加えて、「どうも、川口さんは本物だよ」と続きましたがね。農業者としての人生経験から出た感想だったのだと思います。

母はプロだったので、お金になる、ならないで農作物をいつも見ていたのでしょう。清々しさを味わう前に、そのことを考える。都会から来た多くの若者は、そのへん何も知らないから、清々しさだけを味わう。自然は、何も考えない時、味わえるのがわかります。考えることから始まる科学とは逆なのかもしれませんね。科学者から自然農や自然農法が生まれないわけです。

それはともかく、その後清々しい農作物がずいぶんとお金になったので、母は驚くことになりました。なぜお客さんは買ってくださるのだろう不思議だ、というわけです。正義は必ず勝つのです!?ではなくて、母とは売り先が違っていただけですがね。

おっと、脱線はこれくらいにいたします。

さらに言えば、私はずっと自然を感じていたのです。というのは、田畑で自然を味わううちに、いつ

でもどこでも味わえるようになるからです。田畑でも、部屋でも、東京駅でも、難波の地下街でも……。日常のすべてのもののなかに、どうにも確かなものが感じられ、なんとなく楽しくなって優しい気持ちになるのです。当然なのです。何もかもが、自然の営みのなかにあり、自然の営みそのものだからです。きっと、生まれてからずーっと感じていたのに認識が正確でなかったのだと思います。いつも心に雑音が多く、教えてくださる人もいなかったからでしょうね。おそらく、多くの人が私と同じようだと思います。

ここにある、この自然の営みが感じられるようなら、ひとりでに段取りが上手になって良い仕事が重ねられるのです。何もかもがいとおしくなって、ひとりでにまわりが円満になります。何もしなくても、良い毎日になるのです。

自然を弁えることとは、自然農の基礎であるばかりか、すべての基礎であるように思われるのです。自然農に出会うとは、自然に出会うことなのです。

第3章

NATURAL
FARMING

自然農園の四季と田畑見学会

妙なる畑の会見学会（ピーマン、トマト畑）

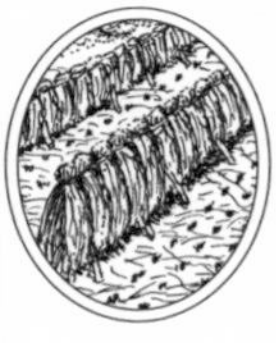

一陽自然農園

一陽《いちよう》自然農園は、自然農に取り組むことを目的として、私が１９９２年に始めました。両親の農業経営を継ぐかたちだったので、初めから専業経営を目指しました。１９９２年と言えば、川口さんが自然農を世に出してそれほど間がない頃で、自然農をしている方も少なく、いわんや専業経営なんてほとんどない時代でした。

私としては、挑戦、実験という思いもありました。当初、成功するという確信はもちろんなかったのです。それでも、家族を抱えて、生活をかけての試みですから、一所懸命でした。あれから、あっという間に27年が過ぎ、３人の子どもも皆成人し、私らの農園は相変わらず続いています。当初の目的は、なんとか達成できたかもしれません。

もちろん、まだまだ力不足で、さらに農業に工夫を重ねたいと思う一方で、そろそろ若い方々に私らの経験を伝えねばならぬ年齢になってきたことを感じています。

ところで農園名の一陽は、私の名前（かずあき）でもあるのですが、一陽来復から取りました。新しい時代のきざしたれとの思いを込めて名づけました。

当農園は、徳島県の北部、吉野川が流れる徳島平野の北端、阿讃山麓にあります。中山間地です。経営規模は1町余り、現在2反ほどでお米をつくり、その他には野菜セット用の各種野菜などを年間を通じて作付けしています。

畑の一部には、自給用の果樹なども植えてあります。温州ミカン、甘夏、ネーブル、ハッサク、レモン、スダチ、ユズなどのミカン類、甘ガキ、渋ガキ、クリ、ビワ、ウメ、サクランボ、ブルーベリー、ザクロ、イチジク、スモモ、プルーン、ナツメなど少しずつたくさんの種類があります。ほとんどほったらかしですが、それでもそこそこ収穫できて、時にはお客さんにも送ります。

現在の労働力は、私と連れ合いの二人です。自然農を始めた頃は、父や母も手伝ってくれていましたが、22年前に父を亡くし、17年前に母を亡くしてからは、ずっと二人でやってきました。研修生などは入れたことがありません。家族だけで経営を成立させることも実証課題だと考えたからです。こちらも、なんとか実証できたかもしれません。子どもらは、他県で思い思いの仕事や学業に就いていて、今のところ後継者はいない状況です。経営の柱は、年間を通じての野菜セットの販売です。毎回8品目以上の野菜などを入れることにしています。

出荷日は、毎週火曜日と金曜日の週2回です。野菜のお客さんは現在30軒ほどで、毎週10〜20セット販売しています。以前は多く販売していましたが、私たちも年を取ってきたので少しずつ少なくしています。今は、多くとも毎週15〜20セットくらいの販売が無難かなと思っています。

年末には、お米も販売します。毎年買ってくださるお客さんにお送りすれば、ほぼ終わりというくらいの量ですがね。こちらも昔は、4〜5反作付けをしていたので、今より多く販売していましたが、野菜同様減らしました。

お米も野菜セットも全部、個人のお客さんへの直売です。出荷規格など特にない、家庭菜園の延長のような商売のかたちです。ただし、健康なものを収穫しお送りするようにしています。今までに協力農家などのかたちで他から野菜やお米などを入れたことはありません。ずっと、当農園のものだけをお送りしてきました。内容が貧弱でお客さんに気の毒だと思ったことはたびたびあるものの、それにしても続いてきたので、総じて生産はそこそこ安定していたのだと思います。

以上が、当初からほぼ変わらぬ当農園の概要です。

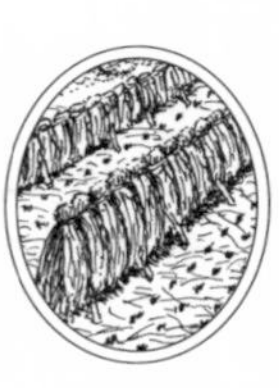

日々のスケジュール

当農園の経営の柱は、1年を通じての野菜セットの販売です。年末には、少しですがお米も販売します。どちらも個人のお客さんへの直販です。私ら夫婦で生産から販売までする小さな経営です。

そんな経営でも、当然1年を通じて何かしら切らさず収穫し、お客さんに喜んでいただかなくては続きません。そのへんが、この経営のポイントでしょう。さらに大事なことは、私ら自身が農業を楽しむことです。そうでなければ、長く続けることができなかったと思います。

私どもの仕事のスケジュールはよく問われますので、簡単に紹介しましょう。まず、1日のスケジュールですが、この頃はずいぶんゆったりと働いています。長い間にそうなりました。そのほうが、結局仕事がはかどるのです。

というようなことを申しますと、若いのに農業を楽しむだのゆったりやるだのと言い出す人が出てきます。まあ、ホビー、楽しみでやるのならそれで良いのですが、プロになるなら感心いたしません。若い時は、体をつくり、技術、技量を養う時でもあります。「倒れるくらいやれ」と言いたいところ。次の日は、ケロッとしているのだからね。若いうちから楽をしようと思ってはいけません。念のため。

我が家の朝食は、7時半くらいです。朝食後休んで、9時か10時くらいに田畑に出て行きます。もちろん、暑い時期の出荷作業など必要に応じて、5時前から始めることだってあります。

昼食は12時半くらいです。昼休みは、冬でも2時間、夏なら3時間は取り体を休めます。当然、そのへんも自由自在です。その後、日暮れまで作業です。その間も疲れたら休憩を入れます。夕食は、冬なら7時、夏なら8時頃になります。夕食をいただいたら、9時か10時までには寝てしまうのが、私の日常です。雨の日は、昔は働いていましたが、近頃は出荷日でなければ休むのが普通です。このような毎日だと、重労働が多い農業でも、楽しく冗談を言い合いながら続けることができます。疲れないようにすることが、良い仕事をするコツだと思います。もちろん、若い時はもう少しがんばっていましたがね。

一方、休みはありません。正月の3日間だけが休みです。疲れない毎日なら休みは不要です。とはいっても、農作業をしたくない時もあります。そんな時は、寝ていたり連れ合いと出かけたりします。時には映画を見て、いつもの店でコーヒーなどいただいて話すのが私らのささやかな楽しみです。それくらいで、ずいぶん元気になり、安上がりなものだと思います。

考えてみたら、毎日遊んでいるようかもしれません。先には、楽しみだけでは農業にならぬと書きましたが、本当に良い農業とは遊んでいるようでいて然るべきだとも思うこの頃です。

良く生きるとは、人が人を全うすることです。人が人を全うするから、お米は育ち、家庭は円満になり、子どもは育ち、商売は続き、人はなんとも楽しくなるのです。毎日、好きなように生きれば良いわけです。自然農をするとはそういうことです。

逆に言えば、今は人が人を全うすることをおろそかにしているから、たとえば8時間労働とか週休2

スタート当初の頃の出荷作業。新聞紙で包み、箱詰めをする

春キャベツが大きくなる

日制とかいうような方便が必要になるのだと思います。現在、経営規模を大きくすることを進める一方で、家族経営協定を結ばせる指導がおこなわれているようですが、これも見事に外れているようです。そもそも、人は人を全うするために生きているのです。お金を稼いだり、お米を育てたり、休みを取るために生きているのではありません。だから、人が生きることを協定で決めたり、ＡＩに代わってもらったりすることはできないのです。おっと、また脱線いたしましたね。

次に、当農園の一年の取り組みを簡単に紹介します。こちらも、長い間にほぼかたまったスケジュールとなりました。

春の営みと恵み

３月

３月はまだ農閑期です。しかし、草が動き始めるので、ネギや春野菜などの草管理がゆるゆると始まります。ゆるゆるとした初春の作業です。

３月となると多くの冬野菜が終わりになります。一方で、カキナやハクサイなどおいしいトウナが収穫できます。その他のナバナも春の味として出荷いたします。ブロッコリーや早生《わせ》の春キャベツも少しずつ出てきます。

冬に寒害が出ていたシュンギクも動き出すので、摘んで野菜セットに加えます。葉物はとう立ち（花芽をつけ花茎を伸ばすこと）の遅い三池タカナ、ビタミンナ、4月シロナなどが中心になります。これらは、4月まで収穫できます。赤カブに続いて金町カブも終わります。一方ダイコンは、宮重《みやしげ》や大蔵から時無しダイコンにつなげます。時無しダイコンは、上手につくれば4月に入っても収穫できます。また、ゴボウやニンジン、サトイモなども4月まで収穫します。

4月

冬の農閑期を経て、仕事らしい仕事がやわらかく始まるのは、3月下旬から4月の初め頃です。春の葉物などの種を播きます。春はとう立ちが早いので、早く収穫できる二十日ダイコンや葉ダイコン、またとう立ちが比較的遅い金町カブ、ビタミンナ、4月シロナなどを選びます。少しですがニンジンや時無しダイコンも播いておきます。野菜セットのバリエーションを保つためです。

これらは、春の端境期を乗り切るために欠かせぬ作付けです。春はとう立ちが早いうえに虫害も多い頃です。つとめて、自然に豊かになった状態の良い場所に作付けします。多くの場合、無肥料とします。失敗が許されないからです。そうすると、春でも葉物は元気に育ちます。防虫ネットなどで覆う必要はありません。思いがけず草勢が弱いようだと刈り敷きをします。発酵鶏糞をほんの少し追肥するのも良いです。すぐに効いてきて、ものになるようです。もっとも多くの場合は、何もしなくても、ゆっくりと大きくなって病虫害もなく美しい姿になります。

余談ですが、今でも時々日本はヨーロッパに比べて温暖多湿なので有機農業が難しいと書いているのを見かけます。温暖多湿で病害虫が多いとしても、それに拮抗する生物も多いはずでしょう。だから、豊かな日本列島の自然界が成立しています。有機農業が低調な日本農業界の言い訳でしょうが、少し無理を感じますね。

閑話休題。春ともなると一雨ごとに作物は大きくなりますが、草も大きくなります。ソラマメやエンドウ、タマネギ、ニンニク、レタス、ネギなど、ゆるゆると草管理が続きます。そして、4月の中下旬になると夏野菜の作付けがいよいよ始まります。

最初に播く夏野菜は、毎年キュウリ、ズッキーニ、蔓有りインゲン、蔓無しインゲンの4種類です。キュウリは自家採種している四葉系《スーヨー》のもの、ズッキーニや蔓有りインゲンも自家採種しているもの。蔓無しインゲンはモロッコインゲンを使っています。セットのバリエーションを出すためです。早く播くのは、早く取り春野菜から夏野菜への移行をスムーズにするためです。また、インゲンは暑くなると実りが悪くなるからでもあります。一方、ズッキーニも暑くなると実りが悪くなるようですが、毎朝授粉すると実りが途切れず続きます。これらは、全部直播きするのが普通です。ちなみに、当地の遅霜は4月の中下旬まであります。そしてこの頃、ゴボウの種も忘れずに播いておきます。

4月は1年のうちで、いちばん出荷品目をそろえるのに苦労する頃です。

上旬には、時無しダイコン、ニンジン、サトイモ、三池タカナ、シュンギク、キクイモ、ゴボウ、ヤーコン、ツクネイモ、ワケギ、ネギ、セット植えのタマネギ、トウナ類、ブロッコリーなどなど、いわば冬野菜の終わりのものが並びます。

中下旬になると、冬野菜が終わる一方で、結球レタス、サニーレタスなどのレタス類、スナックエンドウ、キヌサヤエンドウ、早生ソラマメ、アスパラガス、アサツキ、春キャベツなどの収穫が始まります。下旬になると、二十日ダイコン、葉ダイコンなどがもう出ます。モウソウチクのタケノコや木の芽の収穫が始まるのもこの頃です。

冬野菜と春野菜の受け渡しが上手にいかない時や収穫量が少ない時は、セリ、ミツバ、タラの芽、フキ、イタドリ、夏ミカンなどをセットに加えます。いずれも、畑や庭の隅にあるものです。冬の間につくった切り干しダイコンや漬け物などをお送りすることもあります。どれもお客さんに喜ばれているようです。

5月

5月になると夏野菜の作付けが本格化します。

トマト、ミニトマト、ナス、ピーマン、シシトウガラシ、トウガラシ、万願寺トウガラシ、青ジソ、赤ジソ、モロヘイヤなどを4月下旬から5月上旬にかけて苗床播きします。苗床は畑の一角につくります。だいたい自家採種したものを播きます。ただ、ナスは病気を出したので、最近はトーホク交配の「清黒」を使っています。当農園の自然農には向いているようです。

オクラやフダンソウ、エンサイ、三尺ササゲ、スイートコーンなども遅くならないうちに播きます。これらは直播きです。ショウガやサトイモ、キクイモ、ヤーコン、ツクネイモなどの植えつけもこの頃です。

種籾を播くのも5月上旬です。田または田の近くの畑に畑苗代をつくります。2反分の種籾を連れ合いと二人で、2日かけてゆっくりと降ろします。作業が終わると打ち上げと称し、ビールで乾杯いたします。

草の管理も少しずつ忙しくなります。作物の回りに加えて、冬には動かなかった畦や農道の草も大きくなってくるので草刈りが必要になります。ニンジンなどの冬作を見越して、イタリアンライグラスを刈り払うのもこの頃です。

5月の中下旬には、西洋カボチャ、日本カボチャ、マクワウリ、スイカ、ハグラウリ、ニガウリ、キンシウリ、トウガンなどを播きます。全部自家採種したものを直播きしています。あわてて播くことはありません、梅雨入り前つまり6月上旬までに播いておけば十分ものになります。ただ、スイカだけは少し早く播きたいです。寒くなって収穫しても喜ぶ人が少ないからです。

実取り用のササゲも5月の下旬から6月の上旬くらいに播きます。これも、7月上旬までに播いておけば十分ものになるので、あわてる必要はありません。当農園では、アズキよりつくりやすいので、アズキの代わりに使っています。インゲンやキュウリの支柱を立てるのもこの頃です。

5月は、春の野菜の収穫が盛りになる頃です。

キヌサヤエンドウ、スナップエンドウ、小ソラマメ、中ソラマメ（早生ソラマメ）、一寸ソラマメ、サニーレタス、青チリメンチシャ、サンチュ、結球レタス、春キャベツなどの収穫が始まり、盛りになります。アスパラガス、葉ダイコン、二十日ダイコンの収穫も続きます。中下旬になると、ビタミンナや4月シロナ、小カブ、実エンドウの収穫が加わります。早生のタマネギの収穫を始めるのもこの頃です。サクランボをお客さんにお送りすることもあります。タケノコは、モウソウチクが終わりハチクが始まります。

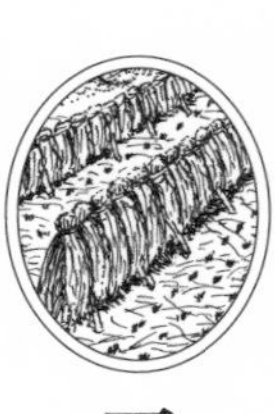

夏の営みと恵み

6月

6月の上旬は、草の管理に忙しい頃です。野菜のまわりだけではありません。畔や農道などの草刈りにも追われます。稲苗床、野菜苗床の草取りも済ませます。野菜のまわりの草取りついでに間引きを進めます。欠株があれば補植をしておきます。

夏野菜はどんどん大きくなりますが、キュウリなどいくらか草勢が弱いようだと、刈り敷きをしてやります。畔や農道の草をいくらか運んで株元に敷いてやるだけで、草勢が出て長く収穫できます。刈り敷きは、草を抑えることにもなるのでありがたいです。西洋カボチャなどの草勢が弱い時は、刈り敷きをしたり米糠やナタネ粕あるいは発酵鶏糞を追肥することもあります。最近、発酵鶏糞の利用をいろいろ試しています。上手に使うと便利なようです。

中旬には、ナス、ピーマン、モロヘイヤなどの定植を始めます。苗床からすくってそのまま定植します。サツマイモの苗を植えるのもこの頃です。連れ合いがサツマイモを植えている間に、私は田植えの準備を進めます。田の草を刈り払い、入水し畔をつけます。

下旬になると、いよいよ田植えです。1週間ほどかけて2反植えます。以前は、2週間かけて4反植えていました。田植えが終わり水を張ると今年も峠を越えたように思います。連れ合いと、毎年うどん屋さんやらに行って、生ビールをいただいて打ち上げといたします。やれやれです。

6月は春野菜が次第に終わり夏野菜が少しずつ出てきます。もっとも近年、梅雨に雨がなく毎年のように夏野菜が遅れる傾向で困っています。

上旬から中旬は、まだまだ春野菜が中心です。キヌサヤエンドウ、スナップエンドウ、実エンドウ、春キャベツ、サンチュ、サニーレタス、結球レタス、葉ダイコン、ビタミンナ、4月シロナ、小カブ、タマネギ、赤タマネギ、ニンニクなどを収穫します。春に坊主をつけたネギも再生してきます。タケノコはハチクが終わりマダケが始まります。ウメを収穫するのもこの頃です。注文をいただいたお客さんには、別にお送りしています。連れ合いは、梅干しを漬けるのに忙しくします。

下旬になると、夏野菜が少しずつ出てきます。インゲン、モロッコインゲン、ズッキーニなどの収穫が始まります。スモモやビワが実るのもこの頃です。

ところで、私どもの野菜は全部新聞紙で包んでお送りしています。新聞紙で包むと鮮度が保たれるからです。ちなみに市内は直接配達しますが、遠くの方には宅配便でお送りするので到着が翌日になってしまいます。そこで、夏の間は希望する方にはクール便でお送りしています。送料はお客さんの負担なので高くなるのですが、希望する方が多いようです。

送料といえば、2年ほど前に極端に上がりました。人手不足だそうです。それに伴い、お客さんも一時減りましたが、ふたたび少しずつ増えてきました。ありがたいことだと思います。昔に比べれば、送料が高くて気の毒に思うくらいです。とにかく、お客さんに満足していただけるよう、精いっぱいがんばらねばと思うのです。

ところで、市内の配達は通いのカゴに入れて配ります。配達料は無料です。宅配便は専用の箱をつくっています。近くの業者さんにつくってもらいました。なくなれば、1000箱ずつ入れてもらいます。箱代として70円余りの実費をお客さんに負担していただいています。野菜セットには、毎回畑便りを入れてこちらの様子をお知らせするようにしています。珍しい野菜などを送る時は、レシピを記した料理メモを同封します。ネットを使わない分、せめてものサービスです。

7月

7月も忙しい頃です。田植えが終わるとまずナスやトマトなどの支柱を立てます。次には、畑や田の草管理が始まります。畔や果樹園などの草刈りだってあります。畔や農道の草は、ナスなどの刈り敷きにすることが多いです。稲は分けつ（茎が成長するにつれ、枝分かれすること）を盛んにし、夏野菜もどんどん成長します。上旬にはダイズを播きます。下旬には2回目のスイートコーンを播きます。また、下旬から8月上旬にかけて2回目のキュウリや蔓有りインゲン、モロッコインゲンなどを播いておきます。台風で飛ばなければ、寒くなるまで収穫できます。

7月28日は近くの氏神様の夏祭りです。私は世話役なので、前日から祭りの準備をします。当日は、他とかけもちしている宮司さんにおはらいをしてもらって、他の世話役たちと弁当とお神酒をいただき世間話をして、片づけをしたら帰ってきます。参拝する方も他にはほとんどいない静かな祭りです。私が子どもの頃はまだにぎやかでしたが、地域がさびしくなっているのを改めて感じます。

7月になると夏野菜の収穫がにぎやかになってきます。インゲン、モロッコインゲン、ズッキーニに続いてキュウリやニガウリがなり始めます。青ジソ、フダンソウ、モロヘイヤ、エンサイ、オクラ、三尺ササゲなどの収穫も始まります。ネギの収穫も続きます。ジャガイモの収穫もこの頃です。ミョウガやスダチの収穫も始まります。貯蔵したタマネギ、赤タマネギ、ニンニクあるいは冬につくった干しダイコンなどと合わせて野菜セットといたします。

8月

8月の上旬に2回目の田の草取りを終えると、今年の稲作も峠を越えたなと思います。稲はみるみる丈を大きくし、畑の夏野菜も最盛期を迎えます。

一方、私らにとっては、ちょっとした農閑期となります。今は、冬取りのキャベツやブロッコリー、カリフラワー、ハクサイなどを作付けしていませんので、それらの苗床播きがありません。以前はそれらを播く頃でした。暑い時期の苗立てが難しいのと、秋口の天候不順の多発でやめました。第一それらがなくても野菜セットが十分つくれるので、労力的な面から整理したのです。ほぼ草の管理をあちこちゆるゆるとやるくらいで、暑さをしのぎます。

下旬から9月上旬にかけて秋ジャガを植えます。品種はニシユタカを使っています。当農園の自然農には向いているように思います。7月に収穫したもののうち、小さめのを切らずに植えています。秋取りのレタス類の苗床播きも同じ頃に済ませます。

8月の収穫物は、夏野菜が盛りになってきます

暑くなりインゲンが実らなくなる一方で、キュウリやニガウリ、三尺ササゲなどの収穫は盛りです。多く取れたキュウリやナスは塩漬けにします。冬にそれらを調味漬けし、お客さんに送ると喜ばれます。ズッキーニもどんどんなります。ナス、ピーマン、シシトウガラシ、万願寺トウガラシ、黄マクワ、ハグラウリ、西洋カボチャ、日本カボチャ、キンシウリ、スイカ……などなど収穫が始まります。スイートコーンもどっさり収穫できます。スダチ、青ジソ、エンサイ、モロヘイヤの収穫も続きます。実取りのササゲも毎日収獲します。収穫した夏野菜と貯蔵したタマネギやニンニクなどで野菜セットといたします。台風がやってきて傷んでも、世話をしてやれば多くの夏野菜はすぐに再生してきます。

秋の営みと恵み

9月

9月の上旬は、まだまだ農閑期の続きで、草管理くらいをゆるゆるとして暑さをしのぎます。種播きが始まるのは、ニンジンからです。7月には採種するので、もっと早く播いても良いのですが、夏は休んで例年この時期になってしまいます。自家採種した種は発芽率が良いように思います。

冬野菜の作付けが本格化するのは下旬からです。タイサイ、サントウサイ、大阪シロナ、コマツナ、二十日ダイコンなど比較的早く大きくなるものをまず播きます。続いて、宮重ダイコン、大蔵ダイコン、金町カブ、赤カブ、その他の葉菜など、少しずつたくさんの種類を作付けします。春取りのキャベツやブロッコリー、タマネギなどの苗床播きもこの頃です。

キャベツは富士早生や四季取り、ブロッコリーはタキイのエンデバーを使っています。カキナ、三池タカナ、チンゲンサイ、ターサイ、とう取り用のハクサイなども苗床に播き、定植することが多いです。間引きしたくないからです。

近年、しばしば遅くまで台風がやってきて、気温も高い傾向なので、あわてて冬野菜を作付けしません。大概のものは、10月中に播いておけばものになるようです。

9月の初めには、稲が穂を出し花をつけるので、田の水を切らさぬように注意します。ちなみに、ソラマメやダイズも花の時期にあまり乾燥すると実りが悪くなるので気をつけています

9月の収穫は、まだまだ夏野菜が盛りです。ナス、ピーマン、カボチャなど、何でも豊富にある頃です。下旬から2回目のキュウリやインゲンの収穫も始まります。クリの収穫もその頃からです。大きな台風が来て被害が出ても、根気良く立て直します。

10月

上旬から中旬は、冬野菜の種播きが続きます。毎年いろいろ播きますが、この時期どうしても播いておきたいのが、ビタミンナ、4月シロナ、時無しダイコン、シュンギク、ホウレンソウなどです。どれも、3月から4月にかけての端境期に収穫できる大事な野菜です。下旬から11月にかけてソラマメを播きます。チンゲンサイやターサイ、三池タカナなどの定植もこの頃です。ニンジンやダイコン、カブなどの草管理と間引き作業が始まります。

収穫は、前半はまだまだ夏野菜があります。後半は、サントウサイ、タイサイ、二十日ダイコンなどに加えて葉ダイコンやカブ葉などの間引き菜が出てきます。サトイモやサツマイモの収穫もそろそろ始めます。クリに続いてカキを収穫して野菜セットに加えます。

ところで、10月15日は秋祭りです。奉納相撲があります。昔は、子どもも大人も大勢集まってきて相

撲を楽しんだものですが、この頃は黙っていては誰もこないので、毎年小学校の先生に子どもたちを連れてきてもらいます。最近の子どもは、取っ組み合いとかしないのか相撲をしてみるとよほど楽しいのでしょう、駄菓子くらいの参加賞ですが、男の子も女の子も皆が何回も参加してくれます。さびしい里がしばしにぎやかになるのです。

11月

上旬は、ダイコンやカブなどの間引きを進めます。サトイモの種イモも遅くならないうちに囲います。中旬には、いよいよ稲刈りとなります。日も短くなって、1週間ほどかけてゆっくり2反ほどの刈り取りをします。若い時は、4～5日でやっていましたがね。稲架干《はさぼ》しです。終わったらやっぱり打ち上げです。日本酒を少しいただきます。やれやれ、今年も無事終わったなと思います。

下旬は、冬野菜の草管理が始まります。渋ガキを収穫して干しガキをつくるのもこの頃です。エンドウ類の播種もこの頃から12月上旬にかけて済ませます。タマネギやブロッコリー、キャベツの定植も済ませます。タマネギの定植は早目に終わらせないと活着が悪くなります。

そして大事な作付けが、この時期に苗床に播くレタス、サニーレタス、青チリメンチシャ、サンチュなどです。10月播き年内定植、あるいは、11月播き2～3月定植の作型とします。4月から5月の端境期を乗りきるための大事な作型です。もちろん、露地での育苗、作付けです。暖冬傾向だからできる作型ですね。ちなみに、当地の初霜は11月中旬から下旬にかけてです。近年、さらに遅くなる傾向です。

ダイズも稲刈り後収穫します。刈り取ったダイズは軒下に立てかけ乾かします。その後、叩いて落とし調製します。冬の間、みそを仕込みます。今時、毎日国産ダイズのみそ汁をいただくのはぜいたくかもしれませんね。

収穫は冬野菜が中心となります。サントウサイ、コマツナ、タイサイ、大阪シロナなどなど多くの葉物の収穫が少しずつ始まります。サツマイモ、サトイモに加え、キクイモ、ヤーコン、ショウガなどの収穫が始まります。ユズや早生の温州ミカンも野菜セットに加えます。

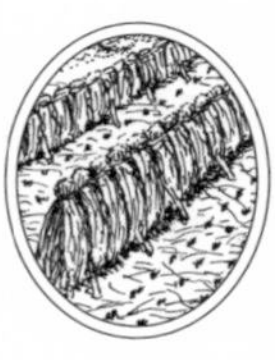

冬の営みと恵み

12月

12月は冬野菜の草管理が作業の中心です。寒いなか、なかなか厳しい作業です。もっとも、一回丁寧にやっておけばものになるようです。

中旬には脱穀をいたします。ハーベスターでおこなうので一日の作業です。その後、すぐに籾すり調製いたします。これも機械を使うので一日の作業です。

そして出荷準備となります。昔は、虫食いやしいな（不稔籾などのくず籾）を除くために夜なべをして手作業で玄米をきれいにしていました。しかし、近年近くの米屋さんに比色選別機が入り、一袋３００円で比選にかけられます。あっという間にきれいになるので助かります。何日も夜なべをしてがんばっていた頃に比べればずっと楽になりました。

しかし、正直に言えば、虫食い粒を除くのなどは、ぜいたくが過ぎているのだと思うのですが、どうでしょう。米余りがずっと続いて、我々全体がぜいたくになってしまったのではないでしょうか。私のところでは、小米だって精米して全部いただくようにしています。手間をかけて育てているからです。

この時期に竹を切るのも例年のことです。本当は夏から秋に切れば良いのでしょうが、秋は忙しいので毎年冬至前に一日竹切りに出かけます。冬至前に切れば、なんとか2～3年はもつようです。切っておいて、1～2月の農閑期に、エンドウやインゲン、ナスなどに使う支柱をつくっておきます。数年使って古くなった支柱は風呂焚きに使います。ちなみに、春に竹を切ると一年を待たずして虫が入り使い物になりません。

12月は冬野菜が豊富にあります。根菜も葉菜も出そろいます。寒さに当たり味ものってまいります。台風がありませんし、少しくらいお客さんが多くなっても安心して出荷作業ができる頃です。この頃収穫する冬野菜を参考までに示します。

根菜では、二十日ダイコン、宮重ダイコン、大蔵ダイコン、金町カブ、赤カブ、ニンジン、ゴボウなど。葉菜では、サニーレタス、青チリメンチシャ、結球レタス、サントウサイ、タイサイ、大阪シロナ、コマツナ、ノザワナ、チンゲンサイ、ターサイ、シュンギク、カキナ、ミズナ、ホウレンソウ、三池タカナ、ビタミンナ、4月シロナ、ネギ、セットタマネギなど。その他では、筍イモ、赤芽イモ、セレベス、白芽イモ、ヤーコン、ジャガイモ、キクイモ、ツクネイモなど。

最近は以前より作付け品目を減らしていますが、それでもこれくらいのものを作付けして、あれこれ10品目前後セットしてお送りするようにしています。正月前には、黒ダイズを加えます。お米の出荷も始まり、出荷作業が忙しくなります。

1月

正月の3日間は休みです。出荷も、例年12月31日~1月3日の間は休ませていただいています。4日が仕事始めです。上旬はまだ冬春野菜の草管理が続きます。それが一段落するといよいよ農閑期です。

農閑期と申しましても、作業がないわけではありません。支柱をつくったり、畔や畝、溝などの補修をしておきます。

新しい畑ができれば、畝立てをするのもこの頃です。必要に応じて畑や庭のまわりの雑木を整理します。林に行って竹や雑木の整理をすることもあります。雑木は風呂木にします。お風呂は、石油との併用ながら、薪でも焚けるようにしてもらっています。農家は、そのへん少し整理するだけで焚き物がたくさんできるので、お風呂で焚けるのは助かります。薪で焚くと長く冷えない、よく温まる湯船となります。

もちろん、草木灰は畑に施します。連れ合いは、漬け物をつくったり、干しダイコンをつくったり、みそを仕込んだりあれこれ忙しくする頃です。

出荷のほうは、年末から始まったお米の発送が続きます。野菜セットは、冬野菜がまだまだ何でも豊富にある頃で、安心してお客さんにお送りできます。

ところで、1月11日は春祭りです。あまり信心のない私もこの時ばかりは、少し改まった気持ちで神さんに手を合わせます。それにしても、当地の祭りは新暦でやっていますが、やはり旧暦のほうが自然の営みに沿っていると思います。

2月

2月もまだ農閑期です。ただ少しずつ草も動き始めるので、タマネギなどの1回目の草管理に入ります。早目に入ると、手間がかからず効果が大きくなります。ゆるゆるとした仕事です。ちなみに、タマネギは収穫までに2～3回の草管理をします。

後半にはジャガイモの植えつけを済ませます。近年、冬に収穫したニシユタカを作付けしています。今までに作付けした品種のなかでは、春作でも当農園の自然農には比較的向いているようです。小さめのを残しておいて、切らずに植えます。その後、米糠などを施し、刈った草を集めておきます。こうすると草の管理が楽になります。これは秋作も同様です。

前述のように、レタスやサニーレタスなどの定植をする時もあります。早く植えておくと春の端境期に助かります。

2月の前半は、まだまだ冬野菜が豊富にあります。しかし、後半になると葉物の一部や赤カブなどのとう立ちが始まります。それらのとうもトウナとして出荷することもあります。ほろ苦い春の味です。比較的とう立ちの遅い三池タカナ、ミズナ、大阪シロナ、ビタミンナ、4月シロナなどの収穫に移ります。コマツナやミズナは、そもそもとう立ちの遅い晩生種を作付けします。

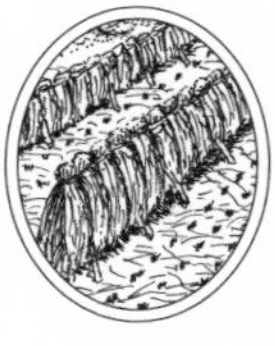

多品目で安定生産

改めて作付け品目を書くと、毎年でき不できはあるにしても、ずいぶん収穫しているものだと思いました。ほら、自然農でも多品目の収穫ができるのです。

参考までに、当農園で収穫、出荷するものを一覧できるように分類し、品種名、在来名ではなく一般名で**表1**にまとめてみました。また、作目ごとの種播き、定植、収穫などの年間作業暦は、巻末に付属資料として収録しました。

毎年、変わらず同じような作業を繰り返しています。毎日、ほとんど変わらぬリズムです。あたかも時間が止まっているようにさえ思われるのです。そうしてもう27年。農業も商売もよく続いてきたものだと思います。

表1　収穫する農産物一覧

	種類
果菜類	トマト
	ナス
	ピーマン
	トウガラシ
	キュウリ
	マクワウリ類
	ニガウリ
	スイカ
	カボチャ類
	ズッキーニ
	トウモロコシ
	トウガン
	オクラ
葉茎菜類	キャベツ
	ブロッコリー
	ハクサイ
	ホウレンソウ
	シュンギク
	フダンソウ
	ミズナ
	タカナ
	ビタミンナ
	ノザワナ
	シロナ類（大阪シロナ、サントウサイなど）

	種類
葉茎菜類	中国野菜（チンゲンサイ、エンサイなど）
	クレソン
	ネギ
	ワケギ
	タマネギ
	ニンニク
	モロヘイヤ
	レタス
	アスパラガス
根菜類	ダイコン
	カブ
	ニンジン
	ゴボウ
	サツマイモ
	ジャガイモ
	サトイモ類
	ヤマイモ類
	クワイ
	ショウガ
豆類	インゲンマメ
	ササゲ
	ダイズ
	ソラマメ
	エンドウ

	種類
香味野菜・山菜など	シソ
	セリ
	ミツバ
	アサツキ
	木の芽
	イタドリ
	タケノコ
	フキ
果物	スモモ
	ウメ
	サクランボ
	ビワ
	イチジク
	ブルーベリー
	プルーン
	ナツメ
	ザクロ
	カキ
	レモン
	ユズ
	スダチ
	温州ミカン
	ハッサク
	甘夏
	クリ
穀物	稲

注：一陽自然農園の収穫物を大別し、主に野菜名など農産物の一般名を採録。一部の野菜の品種群・品種名、在来名、さらに農産物ごとの主要な年間作業については、本文および巻末の「一陽自然農園の作付けと収穫（暦）」に収録

始めた当初は、マスコミに取り上げられ、多くのお客さんを抱え夢中で農業をしていました。そのうち、両親を相次いで亡くし、仕事が回らなくなり、お客さんも減りました。稲の作付けを半分にして、野菜の作付けを見直し、コツコツとやるうちにふたたび生産は安定し、お客さんがまた増えました。春の干ばつや10月の台風で大きな被害を受けたこともありました。そのような時も、お客さんの理解や協力のおかげで、農業を続けてこられました。

考えてみれば、私は特に何もしないのに、農業も商売も続けてこられたように思います。しかも、はからずもずっとその時の私どもにふさわしい農業や商売になっていたように思うのです。コツコツと毎日の仕事をしていただけです。できることを、できるようにやっていただけです。おかげさま、とはよく言ったものだと思います。

大型書店の農業書売り場には、農業で稼ぐ方法を記した本が並んでいます。内容を見れば、SNS（ソーシャルネットワーキングサービスの略。ネット交流サービス）で発信したり、イベントで人を集めたり、あるいはPOP広告や商品の工夫などが書かれているようです。

もちろん、それらも大事だと思います。しかし、さらに大事なことは、日々の生活や農業が楽しくできることだと思うのです。私が満たされて初めて、お客さんやまわりの人が満たされるのでしょうからね。お客さんに喜んでもらって初めて、商売が続くのでしょうからね。

つまり、自然農を学ぶのは、日々の生活や農業を楽しくするためです。

自然農を学ぶ

私のところでは、毎月第2日曜日に田畑の見学会をやっています。自然農を始めてしばらくして始めたので、もうかれこれ20年以上続けていることになるでしょう。一度も休んだことはありません。最初は、当農園がマスコミで取り上げられたりして、見学者が多くなり仕方なく始めたのです。とても一人ずつに応じられなかったからです。川口さんがなさっていた見学会をまねたのです。もっとも、程度は全く違っていましたがね。

始めた頃は、大勢の方が来てくださっても、私の言い分を申し上げるのが精いっぱいで疲れるばかりでした。私に参加者のことを考える余裕が十分なかったからです。ちょうど農業を夢中でしていたのと同じです。各方面力不足でまわりを見る余裕がない。皆さんに迷惑をかけたと思います。もっとも、精いっぱいの対応をするなかで、私はきたえられました。

見学会が楽しくなってきたのは、農業が楽しくなってきた頃と同じです。私に少し余裕ができて、いくらか参加者に応じて話ができるようになってきたからでしょう。

この見学会は、まるっきり私らの楽しみでやっています。参加無料、自由の気楽な勉強会です。その程度のものだから、参加者がなくなればやめても良いのですが、なんとか今まで続いています。少しは、皆さんの役に立っているのかもしれません。もっとも、毎回数人から10人ほどの小さな集まりですがね。

当日は、連れ合いが座敷などの掃除をしお茶など用意して、学びの場を整えてくれます。私は、朝の9時30分になったら座敷に出て皆さんと楽しく話を始めるだけです。

午前中は座学で、皆さんと自然農を中心に話をいたします。午後は、田畑を見ていただいて具体的な作業の説明をいたします。田畑から帰って来たら、またお茶をいただきながらの座学です。一応終わりは16時30分と決めていますが、熱心な方がいる時は、暗くなるまで話し込むこともしばしばです。良い深い勉強会になったと思われる時は、快い疲れが残り、晩酌がおいしくなります。

参加は自由なので、朝だけ参加する方、昼だけ参加する方、途中で来て途中で帰る方、もちろん朝から夕方までしっかり参加する方など様々です。常連の方が中心の時も、初めての方が多い時もあります。プロの方、プロを目指している方、農業者、奥さん、学生さん、家庭菜園をしている方、したい方、ただ関心があるだけの方、自然農を知っている方、知らない方、ついてきただけの方、時には日本語ができない外国の方などなど……、始まるまでどのような方が来てくださるかわかりません。

そこで、始まったらじっくりと皆さんの話を聞き様子を拝見します。各人の求めるところを今日の課題とするためです。せっかくの休みにわざわざ来てくださったのですから、帰る時は何か持って帰ってもらいたいと思うのです。それで、「自然と農業を考える」なんてカッコ良いテーマを一応あげていますが、内容は日によりあっちへ行ったりこっちへ行ったりというわけです。

毎回のように話し合うのが技術的な課題です。やはり、参加者に自然農に取り組んでいる方が多いからでしょう。たとえば、病虫害が出たとか、地力不足だとか、草管理が間に合わないとか……。

じつは自然農は全体に技術的な工夫、追求が弱いようなので、このへんはじっくり話し合うようにしています。私が知っていることはお伝えしますし、皆さんの経験も聞かせてもらいます。時には、農業書をひっぱり出して検討することになります。農産物の生産が安定的に十分できなければ、何も始まりませんからね。

「忙しくて手が回らない」というのもよくある課題です。これは、プロの方にもアマチュアの方にもあ

月例の田畑の見学会。作業を説明

休ませる畑は草をできるだけ生やす

稲刈り後の説明（月例の見学会）

ります。農業に力が入ってくると決まって出てくる課題です。私にも経験がありますが、今手を入れてやればりっぱにものになるとわかっているのに、手間がなくて時間がなくて手が入れられないのはつらいものです。

まず考えられるのが、作付け量を減らすこと。自分にちょうど良い作付け量にする。当然のことながら、そうするほうが確実に多く収穫できるものです。その次に考えるのが、技術技量を高めること。これは一朝一夕にはなりませんが、プロの方なら特に大事になります。同じ仕事をしても、人により早さはまるで違います。プロなら、作業を確実に早く済ませることは必須です。また、必要に応じて技術的な工夫を重ねることも大事です。

そして、誰にも大事なのが、心の使い方です。心ひとつで、忙しくてアタフタするとテキパキするの違いが出てきます。

忙しい時、少し落ち着いて仕事全体をながめることができたら自然にやるべきことが定まり、段取り良くテキパキ仕事を終わらせることができます。自然に自分にちょうど良いところもわかります。逆に地に足がついていないようだと、忙しさにアタフタするばかりで疲れてしまいます。本当に忙しくなってしまうのです。

考えてみれば、私は私を全うすれば良いのだから、落ち着いて私のやるべきことを弁《わきま》え、それをやれば十分です。それ以上のことをやる必要がない。そうわかれば、どんな状態になっても、忙しいということが人生からなくなります。心を亡くすのが忙しさですから、心をいつも私が支配しているようなら、もう忙しくならないわけです。必要に応じて、いつでも何でも、仕事がテキパキできるようになるのです。ちなみに、私が私の心を支配できるのを、自然と言います。

私が初めて川口さんの田畑を見せてもらった折、「取っても取らなくても同じですから……」と聞きましたが、これは自然の営みの一面を示した言葉です。農業を熱心にしている方なら怒り出すかもしれませんが、それは考えが浅いのです。取っても取らなくても同じだとも知っているから、何があっても落ち着いて自由自在に自分の力を発揮できるのです。良い農業をするためにも、気持ち良く毎日を送るためにも、欠かせぬ認識だと思います。

時々皆さんに紹介する心を落ち着かせるための私の呪文は、「生死別なし、自他一体、何がどうでもへのカッパ」です。そう心のなかでとなえると、舞い上がった心が少し落ち着き良い仕事になるのです。紹介すると、だいたい皆さん笑いますがね。

ところで、「生死別なし、自他一体」というのは、自然界の持続性と調和を別の言葉で示したに過ぎません。まあ、気がつけば当然のことを言っているわけです。

もっともこの頃は、こんな呪文のお世話になることもなくなりました。だんだんと無駄に心も体も動かさなくなってきたのです。まあ、人間ができたというよりも、もう体にも心にも余力がないからでしょう。年を取ったわけです。どうも、年を取るのもまんざら悪くないようです。

「自然農について家族が理解してくれない」というのも多い課題です。

「せっかくダイコンを収穫して帰ったのに、家内ときたらあんたのは小さくて使いづらいとか言って使ってくれない」とか、「今度の休みにはキュウリの支柱を立てるのを手伝ってと頼んであったのに、どこかに行ってしまって手伝ってくれない」とかいうような、はたで聞いていると笑ってしまうようなものから、農業後継者が自然農をしようとしてもお父さんが許してくれない、というような少し困ったものまで様々にあります。

個別にいろいろと皆さんで話し合うことになるのですが、私が常にアドバイスするのは、相手に期待しないということです。

皆、それぞれ立場が違うので、考えていることが違っていて当然なのです。皆違うから、全体で調和がとれる。つまり、他の人が自分の期待どおりにならないのは、むしろ自然なことで喜ばしいことなのです。それぞれがそれぞれを全うしているから、自然界の調和がとれているのと同じです。

そうわかると、相手に頼らなくなります。私が一人立つ、のです。すると、自然に相手のことも見えるようになります。「家内もなかなかがんばっているな」とか「お父さんも忙しいのだな」とか気がつくわけです。すると、逆に今度は相手のことを思いやれるようになるのです。いつの間にか、心も家庭も円満になって、細かいことはどうでも良くなるのです。気がつけば、何もかも上手にいっているはずです。めでたし、めでたし。

もう気がついたでしょう。自然農を学ぶとは、自然を知り、自然な農業技術を身につけ、自然な生き方を明らかにすることなのです。

技術や経験が身につき、いつも落ち着いて自らの力を十分に発揮できるようならば、重労働も思いがけぬ困難もひょいひょいと越えていけるものです。わけもなく、何だか楽しくなって、いつも優しい心でいられるのです。思いやりを持って良い仕事を重ねられる。そういうのが、人として農業者として上等になるということでしょう。毎日が気持ち良くなる……そうあれば、そうあるよう日々工夫を続ければ、ひとりでにたとえば農業も商売も上手にいくのです。

自然農を学ぶとは、そういうことです。

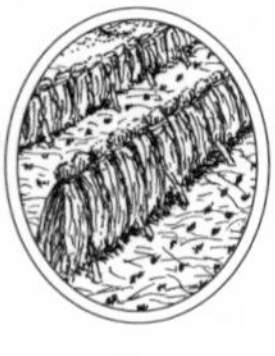

FAKE

ある日の見学会に青年がやってきました。どうも元気がないのです。聞けば、研修に入った農場が自然栽培の看板を掲げながら他から仕入れた一般の農産物を売っていて、いやになったというのです。それまでの生活を捨てて、思いきって自然な農業を志し研修に入ったのにこれからどうしよう……、というわけです。いやはや、困りましたね。

スマホで少しその農場の情報を見せてもらいましたが、美しい写真とともに読んでいるこちらが恥ずかしくなるほどりっぱなことが書いてある。後日知人に聞くと、以前からその農場の評判は悪く、地元では誰でも知っていることらしい。ネットは便利なようで、不便なものかもしれませんね。

もう昔のことになりましたが、私も研修に入った有機農場で無人販売所で買ってきた農産物を箱詰めさせられたことがあります。それも度々。農場主は、経営手法として私ら研修生に見せていたのかもしれませんが、あきれたのを思い出しました。誰がそんなことをするために農業を志すでしょう。人はお金のために生きているのではありません。人を全うするために生きているのです。

当時の私も、こんなことは絶対にしないと思ったものです。それから27年、私はこと商売において一度もうそをついたことはありません。こんな当然のことを自慢せねばならぬのも困ったことです。しかし、農業界でもＦＡＫＥ（偽物）について実際に見聞きするのも本当です。そういえば、産地偽装が社会問題化したこともありましたね。ことによると、ＳＮＳの時代になって、いいかげんなのが増えているのかもしれません。

お金となると、どうも人はずいぶんと浅ましくなることがあるようです。川口さんが、勉強会でお金もうけを取り上げなかったのも、もっともなことだったのかもしれません。

ところで、かのＦＡＫＥ農場さん。ここでは仮にＦさんとしておきましょう。

当のＦさんは、きっと農業が楽しくないでしょう。手が回らないほど大きな商売をして、研修生を入れトラブルを重ね、あげくにうそまでつかねばならないのですからね。大事な自分を全うするより商売やお金を大事にしているのです。いわば、お金に使われているわけです。

そもそも、そんなに無理をしなくても、なんとかなるはずです。本来、健康な農作物は自然に育つのですからね。自然にやれば、つまり楽しくやれば商売も生活も上手にいくようになっているようですからね。つつましくも、安心のうちに満たされた毎日となるはずです。自然栽培を掲げたものの、じつは自然が見えていないのがわかります。不自然な毎日を苦労して重ねているのです。

しかしきっと、これはFさんに限るものではありません。現代社会、現代文明そのものの姿ではないでしょうか。なにしろ、地球環境よりもお金もうけを優先している現代社会ですからね。現代人の多くが、自分を全うするよりも、お金や仕事やその他もろもろのつまらぬものを大事にしているようです。皆が、自然を見失い無理を重ねているのです。それで、現代のすべての問題が起きているのだと思うのです。これでは、苦労を重ねても、結局苦悩は深まるばかりでしょう。

自然農の田畑で働いてみると良いのです。草のなかに種を播いたり苗を植えたりするくらいで、見事な稲やダイコンやチンゲンサイが収穫できる。私らが生きるのにお金も仕事もいるものか、という自信ができるはずです。

そうなるとしめたもの、お金や仕事があったらあったで自由自在に使っていける。そのうち自分の心さえ自由自在になって、何を見ても、何をやっても、楽しくなる。

自動車や電気やスマホやコンピューターなんてまるでなくてもきっと我々は豊かな心で生きていける。そんなことで、あくせくする必要など始めからなかった……。そんなふうに思える生き方をしたいものです。

ところで、自然農が、今はほとんどアマチュアの方ばかりだけれどこれからプロの方が増えて、商売になるとわかれば、例により不心得者が出てくるかもしれません。今までも、勉強会などで時々それが問題となりました。次々と出てくるFさんのような人々をどうするのか。

私は、ほうっておけば良いと思っています。Fさんのようでは、たとえいくらお金になっても、きっと本人が満たされません。道に沿わねば、どこまでもいつまでも満たされないのです。それで、もう報いを受けています。人は、お金によって生きるのではありません、道によってつまり自然によって生きるのです。

買うほうはどうか。納得して買っているのだから良いでしょう。お米でも野菜でも、見て、食べてわからないのなら、何を食べても同じです。誰しも力以上には生きられないのです。仕方がないですね。力不足なら、力不足の結果で上々です。初めから、何の問題もなかったわけです。

結局、私は私を問うしかないのです。

ところで、かの青年は、毎回当農園の見学会に来てくれています。

4時から8時まで

ある日の勉強会に、Sさんが久しぶりに来てくださいました。聞けば忙しくて外に出られないということ。今日は、市場が休みだったから、やっとの思いで出てきたとおっしゃる。

彼は農業後継者で、両親が高齢になったので早期退職をして農業を継ぐべく毎日手伝っているのです。夏の今は、オクラを農協へ出荷しながら、ナスやトマトなどを農産物直売所に出荷しているとのことでした。

毎日、朝の4時から夜の8時まで忙しく働いている。長くどこにも出かけない。今日は久しぶりの外出だとおっしゃる。なかなか大変な毎日です。農薬もずいぶんと使うので体が心配で、自然農を導入したく思い参加してくださっているのです。

ところで、国は、農業予算を減らすためでしょうか、規模拡大をいまだに進めています。知り合いにも、その指導に応じて規模を大きくしている方がいますが、ずいぶんと忙しそうです。

私らのところのような中山間地では田畑の面積も小さくて、彼のところは8haの農地が55筆に分かれているという。これでは、畔草刈りでも大変です。最近、あちこちの畔が草原になっているわけです。それにしても、農業指導者の皆さんは我々農業者を組合のない極小企業労働者にしようとしているのでしょうか。「一人ブラック自営業」というやつです。

以前、80歳を越える農業者が来てくださったことがあります。今まで、果樹と園芸そして水稲を規模を大きくしてがんばってきたが、何も残らなかったとおっしゃる。売り上げは機械や資材代に消えた。後継者もいない。足も悪くなりこれから私はどうしたら良いのか……、と語るうちに泣き出されるのです。

当時の私は何も言うことができませんでした。今の農業指導者の皆さんなら、彼に何とアドバイスなさるのでしょう。競争社会だから仕方がないですね、とでもおっしゃるのでしょうか。まあ、そんな指導者なら不要ですわね。

さて、今の私ならどう答えるでしょう。

何も残らなかったというのは、上々ではないでしょうか。自然界の生命は皆、ただ生きて、多くの生命を養い、あとに何も残さない。人間だけがお金を残し、特殊詐欺にひっかかる、子どもが相続でいがみ合う……なんて心配が要る。あるいは、仕事をしていないのに限って、自分の名前を石碑に刻みたがる。あんなのは、見られたものじゃない。そこにいくと、何も残さなかったというのは上々でしょう。

何も持たず日々機嫌良く働いているようなのは、宇宙の頂点に立つ自然人のありようだと思う。私の経営なんぞも、ろくに何も残せん、何も持てんようだから、あとは機嫌よくいるだけで良い。宇宙の頂点に立つのも、たやすいものです。

それにしても、私も毎年いろいろと失敗をして、来年はもう少し上手にやろうと思って新年を迎えます。この勉強会にしたところで、毎回私の失敗談を皆さんに紹介して終わっているようなものです。皆の参考になれば、私の失敗も役に立つというものですかね。

ところで、私は後悔はせんようにしています。もとより、正邪別なく、美醜なし、何がどうでもへのカッパ、ですからね。

たとえば、どんな迷いの人生であったとしても、自然のなかの自然の営みに他なりません。気がつけば、我々はいつも真理のなかに生きているのです。迷いは、苦しみゆえに許され、気づきは、安らぎゆえに許される。どちらも同じです。つまり、許されるのにお題目をとなえたり、ざんげをしたりする必要すらないのです。

人は誰でも、やれることをやるしかないのです。気がついた時から、好きなように生きれば十分です。改めるのに、遅過ぎるということがあるものですか。きっと、生きているものは生きているだけで値打ちがある。いわんや、今日は昨日より良く生きようと思っているあなたは、上々です。機嫌良く生きれば良いわけです。

なんて、要らぬ話をするでしょうか。さて、話を戻します。

私がSさんに申し上げたのは、自然農はすぐにできるということです。理と具体的な技術を少し身につけたら、農業技術の基本があるので一年目からきっと上手に生産できます。あとは売り先の確保です。これは少し大変ですが、需要はあるので、その気になればなんとかなるでしょう。多くの場合、いちばん大変なのが家族の理解です。もっとも、田畑の一部を自然農に切り換えて、商売を成立させたら、お父さんも認めるでしょう。プロは稼いでなんぼ、ですからね。及ばずながら、私はいつでも力になりますからがんばるように、と申し上げたのです。

春キャベツが上手にできた

いつものようにBさんが、午前の座学に少し遅れていらっしゃる。畑の様子を聞くと、今年は春キャベツが虫害もなく上手にできたと喜んでおられる。

Bさんは主婦で、御主人はお勤めです。彼女は家庭菜園を営み、最近は農産物直売所などを通じ販売までなさいます。私は家計のためにがんばらねばならないなんておっしゃって、忙しいなか勉強会に毎回のように来てくださる。以前は慣行農業でしたが、自然農に変えてもう2年。今年は、初めて無農薬で春キャベツが上手にできたと喜んでおられる。

草生栽培で畑の環境が整ったので農薬が不要になったのでしょう。きっと、クモやハチなどのおかげです。今の農業技術は、クモやハチたちまで殺しておいて、仕方なくさらに農薬をかけるのだからでたらめです。

以前、プロとして有機農業を長くなさっているIさんが度々来てくださって、当農園の野菜に病虫害が少ないのを褒めてくださったことがありました。その折、彼が農薬として使うストチュウについておもしろおかしく語ってくださったのを思い出します。なんでも、焼酎にトウガラシを混ぜてつくるのだそうで、つくる時にトウガラシが目にしみるのだとか。有機農業をしている方も苦労をしているようです。

有機JAS規格でも、いくつかの自然農薬の使用が認められているようです。私は必ずしも農薬を否定しませんが、それでも有機JAS規格においても作物を健康に育てるという概念が曖昧なようで気になります。

農業は人の営みですけれど、それにしても健康は自然によります。自然な田畑で健康な作物は育ちます。そして、健康なものをいただいて人は健康になるのだと思います。そんな大事な健康が曖昧では困りませんかね。もちろん、作物が健康なら基本的に薬は不要です。元気な人が病院に縁のないのと同じです。

Ｉさんは、有機ＪＡＳ規格の検査、認証を受ける苦労を度々語っておられました。年に一度、あわてて記録を整えて認証を受けるのだとか。それがないと、消費者団体と取り引きができないのです。費用もかかり、大変だということを楽しく語ってくださったのを思い出します。他の人からも、有機ＪＡＳ規格の認証の苦労については度々聞きました。どうも、そこに圃場や農産物があるのに、認証する方は書類を問題にするばかりだという。田畑や作物の健康が見えていない人がくれる認証なんてどれほどの意味があるのかと思いましたが、どうでしょうね。

私のところは、小さな商売なので有機ＪＡＳ規格の認証なんて受けていませんが、一陽自然農園のブランドは有機ＪＡＳ規格より信用がある、と少なくとも私は思っています。

野山がよく見える

ある日の勉強会で、豊かさとは何かという話になりました。

10人くらいの参加者に各々考えを話してもらったのです。皆さんそれぞれ興味深いお話、お答えで楽しかったのですが、なかでも出色だと思われたのがある御婦人の答えでした。

「豊かさとは何か」と問えば、「この頃、野山がよく見える」とおっしゃる。

この答え、皆さんはどのように思われるでしょうか。私はまいりました。思わず、楽しくなって、噴き出したのです。

秋の午後、少し欲張って仕事を広げると、すぐに日暮れてあわてることになります。すっかり暗くなってしまい、片づけを急いでいると、思いがけず手元が明るくなって驚くことがあります。見上げると、いつの間にかきれいなお月様が静かに浮かんでいる。思いがけず、しばし見とれてしまう。見ているうちに、なんだかありがたくなったりします。

ところで、お月様を見るように、自分や田畑や作物や野山や家族やまわりの人を見ることができたら、ひとりでになんだか優しい心になるのです。そうしてごらんなさい、きっとなります。

「野山がよく見えるのが、豊かさだ」とはよく言ったものです。

ところで、この御婦人、赤目自然農塾で学んだとおっしゃっていました。赤目の充実を物語る一言だと思いました。

第4章

NATURAL FARMING

求められる技術と健康な作物

実エンドウ。草マルチが草を抑える

不耕起

自然農は耕さないことを基本にします。よって、私のところにトラクターなどはありません。30年近く前に立てた畝をずっと使って野菜などを育てているのです。

耕さず草生栽培をしていると、土壌の表面には有機物と腐植の層ができます。いわゆるO層です。水田では厚く畑では薄くなりますが、どちらにもできます。ことに、草や作物の一生を全うさせて、粗大有機物として巡らせてやると、この層が厚くなります。おびただしい数の、盛んに活動しているクモや虫などが目視できます。きっと、目に見えぬ微生物も多いことでしょう。

その下には、腐植と土の混じった養分に富む黒い土の層ができます、いわゆるA層です。団粒構造も明らかにできて、物理性が改善していることがわかります。土をつかむと、ふんわりとしていて豊かになっていることが実感できます。ミミズがいます。モグラの穴もあります。野ネズミも住んでいます。

ちなみに、草生栽培をしていると根が土を抑えて、下にモグラがいても土を持ち上げることは少なくなります。モグラを困った存在にしているのは人間かもしれませんね。

土を掘り上げると、植物の根が見えます。根がいちばん多いのはO層。根と有機物や腐植が半分ずつと思われるほどです。きっと、植物にとって、つまりすべての生命にとっていちばん大事な層なんでしょうね。

そしてさらに、A層から下に向かってびっしりと根が伸びているのがわかります。根のまわり、根圏は微生物の活動が盛んだそうですが、草生栽培の土壌には、根圏でないところはないと思われるほどです。きっと、微生物の活動が土壌全体で盛んになっているのだと思います。それにしても、耕すとこれらが全部なくなるのでしょう。残念だと思うのですがね。

私は、基本的にずっと耕さないできましたが、不都合を感じたことはほぼありません。耕さなくても根菜他何でも収穫できます。もちろん、小面積のお米づくりや家庭菜園の延長のような野菜づくりに過ぎませんがね。

強いて言えば、初期の頃、一般の稲作後の硬い土地を耕さずカボチャを播き、できが悪かったことがありました。また、度々草を刈り踏み固めたところにタマネギを植えてできが悪かったこともありました。そんな特別な場合は、いくらか耕したほうがことによると成績が良かったかもしれません。

ところで申し添えれば、一般の稲作後の硬い土地を耕さないまま作溝をして畝をつくると、掘り上げた土が畝の上に乗ります。経験上、それだけの土でほぼ何でも育ちます。前述は、たとえば、ことに幅の広い畝で掘り上げた土が極端に少ない場合など、ごく特別な場合です。

一方、苗床をつくったり、種を播く時など作業上ごく限定的に耕すのは日常的です。また、ゴボウなどを掘っても当然耕したようになりますね。耕すと明らかに土地は悪くなるようです。O層、A層がなくなるからだと思います。

耕すことは、他の生命を大きく損ねるので、必要最小限とするべきだと思います。自然の営みを乱さぬ工夫が結局生産の安定につながるからです。

草生について

ある日、田に水を見に行き驚きました。カモの数に驚いたのです。60羽余り数えましたが、おそらく70羽以上いたのではないかと思います。わずか2反の田に70羽以上のカモ。一斉に飛び立つ姿は圧巻でした。

自然農をしていると、こんなことは度々経験いたします。もっとも、小さな稲を水鳥が踏みつけるのは困るのですがね。

カモが飛び立つと、次はツバメです。多くのツバメが自然農の田の上を飛び回る。近所のツバメが全部来ているのではないかと思うほどです。

きっと、自然農の田畑には餌になる虫や水生生物が多いのでしょう。私は、田畑が豊かになるように草生としているのですが、それが鳥たちにも都合が良いのがわかります。もし自然農の田畑が増えると、たとえばトキが自然に復活するかもなんて思いますが、どうでしょう。

何？　草生にすれば作物がよくできることをお疑いですか。それでは私の経験を紹介しましょう。以前、耕地整理をして2反1枚になった田を畑に変えました。なにしろ、自然農は手作業を基本としますから、畝立てに手が回らず数年そのままにしてあったのです。もちろん、草を生やしたまま。耕作放棄地のようになっていたのですね。

数年後の冬、やっとスコップと鍬で畝を立て、春になり夏野菜を作付けしました。サトイモ、オクラ、トウガン、ハグラウリ、西洋カボチャなどを作付けしたと思います。

思ったとおり、何もかも当農園としては記録的によくできました。病虫害もなく美しく育ちました。肥料を多く使った時のように、アブラムシやうどん粉病が出ないのです。

トウガンは、わずか10株で、七十数個収穫しました。72個まで数えましたが、さらに数個収穫できたのです。お客さんにしっかりお送りしましたが、何しろ大きなトウガンですから送りきれなかったですね。比較的肥料分の必要な西洋カボチャもよくできました。今までを考えましても、あの年は最高のできだったかもしれません。もちろん、無肥料、無農薬、耕さず草のなかに種を播いただけです。ただ、冬の草が生えてなかったので、夏の草管理は手間でしたがね。

近くの畑で作業していた篤農家のおじさんが何度も見にいらっしゃる。

「肥《こえ》は何を使ったんで」と聞くので、

「何も使っていません」と答えると、

「フーン」と考え込む。

1週間ほどしてまたやって来て、「肥《こえ》は何を使ったんで」、「何も使っていません」、「フーン……。」それ以来彼は、田畑で会うと、私に親しく声をかけてくださるようになりました。自然農もまあまあだな、と思われたのでしょうかね。そんな楽しいことがありました。

次の年は、隣の畝にふたたび西洋カボチャを作付けしました。私としては、今年もよくできるだろうと思っての作付けです。ところが、結果は大惨敗。前年の3分の1も収穫したでしょうか。株によっては、少し伸びただけで実らないのさえある。明らかに地力不足です。あわてて、米糠などを施しましたが及びませんでした。

前年と次年の違いはどこにあったのでしょうか。

それは、草を繁らせてあったかどうかです。前年の畝は、前述のように数年草が繁るに任せてありました。次年の畝は、隣の田との境界に近いので、注意していつも草を刈っていたのです。もちろん草生ですが、草が大きくならず一生を全うしていなかった。それだけの違いです。

そもそも、耕地整理をして土地がやせているのです。それにしても、わずか1mほど離れているだけの同じ土地で、しかもどちらも草生にしていたのにこれほどできが違うとは……私も意外でした。

作物は、地力で育つのではない。全体の生命量、生命力により育つのだと深く気がついた出来事でした。植物が一生を全うすることで、多くの生命が生きられ、多くの生命が生きているから、作物も生きられるのです。

つまり、他の生命があるからこそ、我々人類の生命もあるのだとわかります。ここに、耕さず草を生

サトイモも元気に育つ（夏の畑）

やし農業をする意味があるのです。

ところで、しばしば豊かさをとるか自然をとるかという議論を見かけます。しかし、我々が豊かに生きることと、他の生命を大事にすること、つまり自然を大事にすることは一つだったわけです。我々が自然に保護されているのですからね。

そもそも、こんな議論が起きることが、我々が豊かさと自然を見失っている証拠です。じつは我々は議論するための前提さえ曖昧なのです。これでは、いつまでも結論が出ません。早く目を覚まさなくてはなりません。

今、我々の欲張り現代文明により、急速に生物種が絶滅しているのだそうです。生物種の絶滅は遺伝資源が少なくなっているのではありません。私たちの生命が、生きる場所が少なくなりつつあるのです。生物種の絶滅を経済的に評価する試みもあるそうです。愚かなことだと思います。かけがえのないものを、お金で評価して何の意味があるのでしょう。

こんなことをするのは、我々人類が自分一人の力で生きていると思っているからでしょう。この愚かなおごりから離れねばなりません。人間はお金がなくても必ず生きられますが、自然界、生命界が不調となれば必ず絶滅するのです。

今や、現代農業技術は、おそらく最悪の自然界に対する脅威です。早く修正しなくては取り返しのつかないことになります。いえ、もう取り返しのつかないところまで来ているのかもしれません。

話を変えます。

時々、草を刈るのと刈らないのには差があるのかと聞かれることがあります。草は一生を全うさせたほうが、田畑は豊かになります。先の例を引くまでもなく、土がふんわりするので誰でもすぐわかります。きっと、草が一生を全うすることにより、多くの生命が生きられるのでしょうね。これは、おそらくどの生命についても共通する働きです。生命が生命を全うする時、自ずと他の生命を生かすのです。人も本来同じはずです。ここに、生命のすばらしさ、生きることのすばらしさを感じます。

せっかくの人生です。死ぬまで、大事に生きたいと思うのです。かけがえのない生命、だからです。私の生命は生命を全うすることを望んでいるはずです。

肥料

以前、環境保全型農業の補助金を受け取るために、手続きをしたことがありました。その当時、町内での対象者は私一人だということで市の担当者から申し込んではどうかと勧められたのです。ただ、直接県の担当者と話をしてくれという。それではと、電話をかけましたが、初年は雑草草生はだめだと門前払い。２年目も勧められて、電話をかけると、担当が変わったのか話を聞くという。そこで、県の出先まで行き、直接説明をすることになりました。

私としては、自然農は環境保全型農業のチャンピオンだから通らないわけがないと思っている。しかも、もう20年以上の実績があるのです。

説明の結果、雑草草生は刈り敷きとするということで何とかクリアしました。しかし、最後まで問題となったのが肥料でした。かの担当者君は、施用量が少な過ぎるというのです。

肥料が少なくても作物が育てば良いと思うのですがね。全くプロの農業者様に向かって何言っているのと思いましたが、まさか素人は黙っていろと言うわけにもいかず、改善しますと答えておきました。おかげで、いくらか補助金を受け取ることができたのですがね。

その後、実績報告に肥料の量を正直に書いて提出したところ、親切?にも市の担当者がそっと書き換えてありました。ゼロを一つ加えてあったのです。上に説明できないと思ったのでしょう。どうも、今の多くの農業技術者は、ほぼ無肥料栽培というのが理解できないようです。

ちなみに、私が指導に従って肥料を施していたら、きっと病虫害で作物がまともに収穫できなかったでしょう。私の施肥量が常にベストだとは思いませんが、それにしてもかの指導が間違っていることは経験の上から明らかでした。もちろん、私は物好きで肥料を少なくしているのではありません。今や、多くすると作物が健康に育たず生産が安定しないからそうしているのです。多くの失敗を重ねての結論です。それにしても、今の施肥基準は、多収を目的するばかりで、必ずしも作物を健康に育てるものではないようで気になります。

草生栽培にすると生命力が増し、土地が豊かになるということは先に書いたとおりです。しかし、自然農では草の管理を必要に応じてしますので、たとえば次々と作付けを続けると、やはり畑の生命力が弱ります。もちろん、そんな時は草を生やして十分休ませれば良いわけですが、いつもそう都合良くいきません。休ませられないなら、とりあえず肥料を上手に使えば良いわけです。肥料としては、草や米糠など身近にある有機物が良いと思います。量はたくさん要らないので、それで十分です。

使いやすいのは草です。元肥にも追肥にも使えます。肥料としてバランスが取れているのでしょう、少しくらい多く施しても病虫害が少ないようです。ただし、集めるのは手間ですし、あまり調子にのっていると、甲虫の幼虫が発生して思いがけない虫害にあうこともあります。

一方、米糠、ナタネ粕、鶏糞などは今のところ入手は簡単です。ただし、利用は少し慎重にするべきでしょう。養分が草に比べると多いからです。元肥として使う場合は少し前に施して自然の営みに十分巡らせてやるほうが無難です。追肥に使う場合は、作物の様子を見ながら控えめに施すことです。いずれの場合も、表面施肥で十分です。

ちなみに、私は堆肥やボカシ肥料（何種類かの有機質資材を混ぜて発酵させてつくった肥料）をつくりません。常に表面施肥で、有機物を土中に入れることがないので基本的に必要ないのです。

化学肥料はどうか、と時々質問をいただきます。

私は使ったことがないので、何とも言えませんが、自然農においても上手に使えば使いようがあるのかもしれません。しかし私は、実際問題として、そこまでのものは必要ないのではないかと考えています（**図1**参照。自然農と慣行農法の水田の土壌について、炭素と窒素の蓄積量を比較）。

そもそも自然農では、肥料の必要量が極端に少ないからです。また、持続性や経済性の面からも、身近な有機物が優れています。加えて、化学肥料には致命的な問題があるように思われるのです。

化学肥料の基本になっているのは、無機栄養説という考え方だそうですね。植物が実際に利用するのは窒素やリンなどの無機物だから、それを施せば良いという考え方です。合理的なようですが、この考えには植物が他の生命により生きるという視点が欠けているようで気になります。化学肥料は植物にはすぐ利用されるのかもしれませんが、他の微生物などにとってはきっと利用しづらいのでしょう。

だから、化学肥料しか使っていない土地はカチカチになっています。いわば、死んだような状態。きっと生物相が貧弱になっているのだと思います。そのために、いったん病害虫が入ると大きな被害にな

図1　自然農と慣行農法の土壌比較

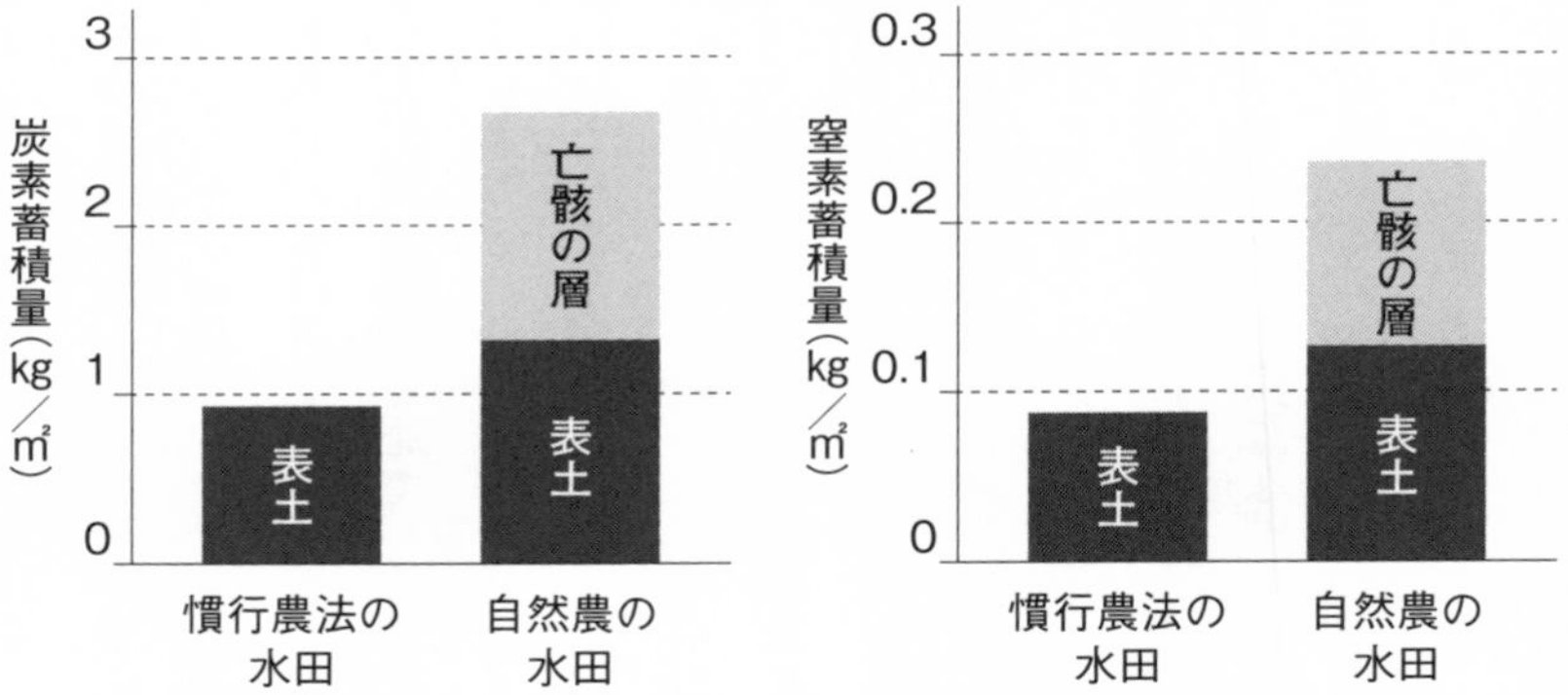

注：①データは横浜国立大学と近畿大学による調査・分析結果（2011年）で、川口由一さんの自然農の水田と付近の慣行農法の水田の土壌を比較したもの。『誰でも簡単にできる！　川口由一の自然農教室』（川口由一監修、荒井由己・鏡山悦子著、宝島社）を改変
②自然農の水田は慣行農法の水田に比べ、施肥をおこなっていないにもかかわらず、炭素と窒素が多く蓄積されている。亡骸の層（有機物と腐植の層、O層）には表土とほぼ同量の炭素と窒素が蓄積されている

るのではないでしょうか。加えて、極端な多肥栽培がさらに病虫害を招き、肥料の流亡などを通じ環境汚染さえ引き起こしているといいます。

こう考えると、自然農で健康な田畑を営み健康な作物を育てるには、そもそも化学肥料はなじまないのかもしれません。身近な有機物で十分ですし、良いように思うのです。

一方で、近頃無肥料で作物を育てることを目的としている方がいて驚くことがあります。きっと、自然栽培などの知識が入っているのでしょう。一理あるにしても、いささか不自然な考えのようで気になります。

そもそも、自然界、生命界の営みとは有機物の巡りともいえます。そして、自然界に有機物を巡らせるのが、自然農における施肥です。自由に施肥して良いことがわかります。まあ、肥

料くらい自由自在に使えなくては、自然農ではありません。

先に触れたできの悪かった西洋カボチャ。あの時、米糠でも発酵鶏糞でも少し元肥として施しておけば、ずっと多く収穫できたでしょう。カボチャはわりと肥料に鈍感ですからね。当時より少し経験のある今の私なら、迷わずそうします。

私にも経験がありますが、やせ地にいくら作付けしても収穫があがりません。うっかりすると殺人的重労働になってしまいます。そんな愚かなところに落ちてはいけません。

とは申しましても、自然に豊かになった田畑で自然に育つ作物の姿は格別です。肥料でごまかしたのは少し落ちる。つまり、自然が中心で、肥料は方便というわけです。

今の農業技術は、自然の営みを壊しておいて、肥料に頼るばかりだからどこまでも答えが出ないのだと思います。

私のところの施肥の実際を紹介します。

いちばん使う肥料は草です。中山間地とあって法面が比較的多くあります。そこの草を刈ると、必要に応じて刈り敷きをします。ナスやキュウリなどには施すことが多いです。葉物などにも施すことがあります。すぐに効くようです。手間はかかりますが、法面が片づくし一石二鳥です。

次に使うのが、米糠です。自家から出るものと購入したものを使います。買うのは、年によって異なりますが、年間だいたい十数袋（15kg／袋）でしょう。果菜などに必要に応じて追肥したり、タマネギの植えつけ後ふりまいたりします。加えて、ナタネ油粕を年に1～2袋（20kg／袋）ほど買うこともあります。レタスやキャベツなどの追肥などに使います。近年、場合によってそれらを発酵鶏糞に代えることもあります。肥効が早いし安価だからです。

ところで、自然栽培をしている人などのなかには厩肥の類の利用を否定する方がいますが、私はナンセンスだと思います。草を牛が食べて出せば牛糞ですし、米糠やふすまを鶏が食べて出せば鶏糞でしょう。家畜のお腹を通っただけ分解が進んでいて、肥効が早いのですね。私は、各有機物の特性を知って、上手に使えば良いと思っています。

あとは、自家から出る野菜くずや生ごみをふりまくくらいでです。もちろん、全部表面施肥です。

今は、多くの場合元肥はゼロで、追肥をしなければ無肥料栽培ということになります。もっとも、不耕起だと残肥が長く残るようなので、ほぼ無肥料栽培と言うのが正確かもしれません。もちろん、元肥も必要に応じて自由自在です。

現在、お米はもちろん野菜類も多くがほぼ無肥料栽培です。もう、無肥料のほうが健康に育つ場合が多いからです。

ところで、前記の肥料は経営面積約1町2反（1・2ha、最近借地が増えた）にたいして1年間に使う量です。反当（10ａ当たり）にすれば、窒素成分でせいぜい数百gというところでしょうか。一般の農業なら、稲でも反当数kgの窒素成分を、野菜なら反当数十kgの窒素成分を施すこともあるそうですから、県の担当者が不審に思うわけです。

話は変わりますが、肥料の施用量は窒素成分で示すことが多いようですね。植物が大きくなるのに窒

不耕起と草生数年で土壌がふんわりとしてくる

素成分が大事ということなんでしょう。ちなみに、大気の組成は、窒素が約78％、酸素が約21％、そして二酸化炭素はわずか０・０３％くらいだそうですね。

どうも、自然界、生命界における酸素と二酸化炭素の利用は科学的に詳しく明らかになっているようです。前者が呼吸で後者が光合成ですね。しかし、大気の８割近くを占める窒素の利用は十分明らかになっていないのではないでしょうか。豆科植物の大気中窒素の固定が古くから知られているくらいです。最近、サトウキビやサツマイモなども大気中窒素を利用しているとわかったらしいですが、きっと他にも自然界には大気中窒素の利用システムがあるのでしょう。でなければ、自然農は成立しないでしょう。

それはともかく、当農園も、初めからほぼ無肥料の作付けだったわけではありません。慣行農法から自然農に切り替えた時は、冬の間に米糠などを施し、春または夏から作付けするのが普通でした。初年度にはお米で反当100～150kgくらい、野菜なら反当400～500kgくらいの米糠を施したと思います。2年目からは様子を見ながら肥料の量を減らしていき、10年目くらいまでにだいたい今と同じような対応になりました。

耕地整理のあとや豚舎跡などでコンクリートの下になっていた場所は、草生栽培としてもよみがえるのに時間がかかるようです。やはり、生命力が衰えているのでしょうね。

ハウス跡を自然農に切り替えた場所は、様子が違っていました。当初思いがけぬ病虫害が多くて困りました。母は「指導に従い高価な有機質肥料を入れたところがいちばん悪い」なんて嘆いていましたがね。稼ぎ頭のハウスだったので、土づくりに力を入れてかえって不自然になったのかもしれません。それに私が上手に応じられなかったわけです。そういう場所も、草生に変えてしばらく経つと違和感はなくなりました。

私らの代になって、小作に出していたのが帰ってきたり、購入した土地もあります。そこも悪かったです。おそらく、長い間化学肥料しか使っていなかったのでしょう。土がカチカチ。そのままだと、きっとよみがえるのに時間がかかります。有機質肥料でごまかさないとどうにもならない。今や、世界じゅうの土地の多くがこんな状態かもしれません。このようでは、まともなものは育たないと思いますが、どうでしょう。

それらに比べると、両親の土地は少しましでした。一時期養豚をしていて、堆厩肥がそれなりに入っていたからでしょう。それでも、当初は肥料がたくさん必要だったわけです。農地は、先人が長い間豊かにするべく努力を重ねてきて今にあるのです。健全な姿で次の世代につなげたいと思いましたね。もっとも、草原状にしてつなげると良いと言えば、きっと怒り出す人が多いでしょうね。

私の肥料の利用について書いてきましたが、今の大方の趣味的な自然農では肥料の使い方も深くは追求されていないようです。各自が必要に応じて工夫していただきたいと思います。私も日々、工夫を重ねています。

ところで今は、キャベツだのブロッコリーだのと肥料が比較的多く必要な作物がポピュラーな状況です。私も時流に沿いそれらを作付けします。しかし、本当に自然農が支えるべきは、稲作に加え古来日本人の生命をつないできた雑穀文化ではないかと思います。おそらく、肥料もさらに少なくて済み、本当に持続的で健康な農業や食生活になると思います。上手に料理すると味も良くて、ビジネスチャンスもあるでしょう。先を見据えて、若い人にぜひチャレンジしてもらいたいところです。

私は見学会で、「肥料は無肥料が基本です。しかし、肥料が必要なら、草や米糠など身近にある有機物を作物の様子を見ながら控えめに施すと良いと思います」と皆さんに説明しています。

自然の営みが中心です。肥料は生命力が弱った時に必要なだけ使えば良いのです、肥料が中心になると、姿は大きくなっても、雰囲気が悪くなり、ひどいと病虫害が出ます。自然の浄化力が働いているのです。今は、世間一般、雰囲気の悪い田畑が多いようで気になります。

病気と虫害

ある春の日、私は草刈りの手を休めて、アブラムシが派手についたフダンソウのとうを見上げていました。暖かくて気持ちの良い日でした。ぼんやり見ていると、真っ黒くついたアブラムシの姿がなんだか美しく思えてきたのです。テントウムシもたくさんいます。何を食べるのか、スズメたちも盛んにやってきます。そんな多くの生命の営みを感心して見ていたのです。何だか良い感じでした。

変だと思いますか。私も変だと思いますが、そうだったのだから仕方がないです。

なぜアブラムシがついたかというと、そこはちょうど納屋のはき出し口になっていて、納屋に貯蔵した野菜やわらを掃除するたびにそこに捨てるので、養分過多になってしまったのです。その場所だけついている。アブラムシは養分過多になったら活躍します。程度がひどいと作物は枯れてしまいます。しかし、それほどでもないと耐過して二度とアブラムシがつかなくなるものです。そんな時は、実りは少なくなってもちゃんと後ほど実ります。ということは、アブラムシのおかげで、病的になったソラマメやフダンソウなどの体質改善がなされ、ふたたび健康を取り戻したように見えませんか。自然農の田畑で働いていると、病気や害虫にたいする考え方も変わります。

さて、私が自然農を始めて間もない頃経験したことです。

その年、私は3畝にダイコンを播きました。何かの理由で、道に近い畝は地力が足りないと思ったのでしょう。私は、両親が畑の隅に長く積んであった豚糞とわらでできた堆肥をあらかじめその畝に施して、種を播いたのです。その他の畝は無肥料でした。

さすがに、道の近くの畝のダイコンは、初期発育が良くて、道行く人が褒めてくださるのでした。しかし、しばらくすると虫が大発生。1週間ほどで全滅したのです。コナガなどだったと思いますが、今となっては定かではありません。ところが、残りの2畝のダイコンは全く無傷だったのです。ゆっくり大きくなって、収穫期が長くス入りのないじつにおいしいダイコンとなりました。母は、初めの1畝が食べ尽くされたら、隣の畝に害虫が移るだろうと心配していました。わずか1mほどしか離れていないのだから当然ですね。しかし、全くそうならなかったのです。

まあ、こんなことは自然農をしている人なら誰でも経験しているでしょう。ちなみに、アブラナ科の野菜は、皆さんが褒めてくださるようだとだいたい病虫害が出るようですがね。

さて、病気や虫害が起きるのは病原体や害虫が必ずしも問題ではなく、この場合は肥料過多が本当の原因であることがよくわかります。むしろ、害虫は肥料過多となった大地を浄化しているようにも、病的になった野菜が人の口に入らぬようにしてくれているようにも見えませんか。

害虫は、じつはありがたい存在なのかもしれません。きっと福の神ですな。それをだいたい農薬で殺し尽くす。結果、味の悪い病的な農作物と残留農薬が人の口に入るのですから、次は人間が病的になりませんかね。農学者の皆さんは、そのへんどのように思われるのでしょうね。

ところで、農薬の問題を語る時、その安全性についての科学的議論が中心になっているようです。たしかに、農薬を頭からかぶる生産者にとっては、その安全性はじつに大事です。しかし消費者にとっては、むしろ農薬が必要になる病的な農作物こそ問題にするべきではないですかね。なにしろ、農作物は人の心身をつくるのですから、病的では困りますね。

病気や虫害も自然です。病原体や害虫それ自体は、そもそも人が問題にする必要も、対立する必要もないのだと思います。

病原体も害虫も、活躍する条件を得て、健康に活躍しているのです。あの春の日、私が良い感じで見ていたのは、その健康な営みだったのだと思います。草が生きて多くの生命を養うように、病原体や害虫と呼ばれる生命が生きることにより多くの生命を養っているはずだと思うのです。ある時は生命を浄化し、あるいは大地や自然界を浄化し、その他にも無限の役割を果たして豊かな自然界、生命界を保っているのだと思えるのです。

まあ、自然農をしていると誰でもそんなことを思うでしょう。たとえば、インフルエンザウイルスや花粉を問題にするばかりで、人の健康や生活の側を問わぬ近頃のありようの馬鹿馬鹿しさを思うわけです。ところで、肥料過多で起きている病虫害は多いようです。欲張り現代農業技術の産物だと思います。

肥料過多に敏感なのは、まずアブラナ科の野菜です。秋口の虫害、寒くなってからのダニや春のアブラムシなど全部本当の原因は肥料過多だと思います。有機農業の技術書などで防虫ネットで覆うと書いてあるのも、そのへんことを理解していないからだと思います。作物が健康ならそんな虫は大きく問題になりません。

夏の野菜では、スイートコーンが敏感です。アワノメイガが入るのは、肥料過多です。失礼ながら、一般のスイートコーンはだいたい病的な姿をしているように私には見えます。昔ながらのモチトウモロコシは強いです。やせ地でも、少しくらい米糠などを施しても、だいじょうぶです。やはり、改良?されて弱くなったのでしょうね。果菜類などは、だいたい肥料に鈍感です。それでも、カメムシ、コガネムシ、アブラムシの害などは肥料過多が原因のことが多いと思います。

病気も多くあります。まず、アブラムシが媒介するとされるウイルス病。うどん粉病、疫病……などのカビによるとされる病気。軟腐病、腐敗病……などの細菌によるとされる病気。これらは、全部肥料過多が本当の原因だと思います。自然農を普通にしていたら、まず問題になりません。

稲にも問題が起こります。ウンカの被害やイモチ病、萎縮病……など多くの病虫害の本当の原因は肥料過多だと思います。これらも、自然農では水の管理が適当ならまず出ない病虫害です。

逆に、地力不足の時に起こるものもあります。自然農なら、むしろこちらに配慮しなくてはいけない場合が多いかもしれません。

ナスにテントウムシダマシの害が出て草勢が弱いようなら、刈り敷きでもすれば元気になります。キュウリが小さい葉のままで下葉から枯れるようなら、やはり刈り敷きでもしてやれば元気になります。

ところで、当農園では近年自家採種したナスに苗立枯病?が出て課題となっています。種子感染しているのでしょう。自家採種分だけが問題となります。ナスに毎年のようにする刈り敷きがもう多いのかとも思いますが、今のところ原因は不明です。まあ、こんなこともあるのです。

乾燥がひどいと、ナスやインゲンに葉ダニの害が出ることがあります。他方、台風の大雨のあとなどに葉物が一度に虫害にあうことがあります。雨や過湿で葉や根が傷み体力がなくなるのでしょう。こんなところにも、健康な植物が本来持つ病虫害への抵抗力を感じます。近年、気候が極端でこのような被害は増える傾向です。

病気、虫害には、やむをえないのもあります。たとえば、ナス科のものを連作すると青枯病などが出る場合があります。連作しなかったら解決です。初夏、暑くなるとアブラナ科の野菜にカメムシが出ます。暑い時期につくらなかったら解決です。

近年の稲のカメムシ被害も、夏秋の高温障害の一つかもしれません。稲の不作の年が増える一方で、10月でもナスがどんどん実る変なことになっています。

アザミウマ、アオムシ、ヨトウムシ、ウリハムシなどは、雑草草生として自然のバランスを保っていたら、発生したとしても大きな被害とならないのが普通です。昔、母は長くナスをつくっていましたが、自然農に変えてからミナミキイロアザミウマの被害が少なくなったのをいつも不思議がっていました。「ウマはいくら農薬をかけてもいなくならなかったのに、他の虫がいてもウマがいない……」とよく言っていました。

ところで、病虫害が出たらどうしたら良いのか、という質問はよくいただきます。

まず原因を除くことが大事です。肥料が多過ぎていたら控える、過湿なら水はけをする……。それでも出るようなら、出るに任せておけば良いのだと思います。多くの場合、やがて自然に病害虫が出なくなるからです。引き続き出るとしたら、原因が除かれてないのです。原因を除くだけで、自然に病虫害はなくなるものです。自然農を通じ、このようなことを経験すると、病原体や害虫と呼ばれる生命さえ活躍することにより、むしろ地球生命界が浄化され、豊かな自然界が保たれることに誰しも気がつくと思います。どの生命もなんとも尊く思えてくるのです。

テレビで、長い間かけて飛べないテントウムシを育成した農業技術者を紹介していました。その哀れな虫を一匹80円で販売しているのだそうです。生物農薬としてアブラムシを食べさせるためです。自然農をしている者とすれば、若い優れた技術者にそんな努力をさせる農学、科学の浅慮を思わずにはいられません。

遺伝子組み換えで病害虫耐性の品種や除草剤耐性の品種が開発され、アメリカなどでは広く栽培されて、日本にも多く輸出されているのだそうです。科学者やジャーナリストのなかには、科学的に安全だから日本でも作付けするべきだと言う方がいます。

しかし、今の科学がそもそも病害虫や草を効率的に殺し尽くすことの弊害に気がついていないだけだと思います。加えて、組み換えた遺伝子が自然界を汚染することも考えられます。科学者は、完全なものに不完全なものを持ち込んでいると気がついていないのです。このままでは、ある日この深刻な事態は想定外であったと必ず言うことになるでしょう。

思えば、フロンガスもＰＣＢ（ポリ塩化ビフェニル）も原子力もプラスチックも、ＤＤＴやＢＨＣとかいう農薬も……かつては夢の発明だったのです。今や人類にとっての悪夢かもしれません。科学とはその程度のものなのです。科学が語る安全は想定の範囲の安全なのです。自然は必ずしも想定できません。自然は科学がつくったものではないからです。そして、自然の実相は科学で把握する種類のものではありません。そのうえ、安全性の議論には、多くの場合科学でもない人の邪まで加わるのですからどうにもなりません。

最近は、遺伝子編集と称し、科学者のさらなる暴走が始まっています。遺伝子地図を人間は得たのかもしれませんが、実際に遺伝子を動かしているのは生命であり、自然です。人類はそのメカニズムを知りません。科学が生命をつくったわけではないのです。

今彼らがやっているのは、わけがわからぬ幼児が、坂道に止めた自動車のサイドブレーキを外したようなものです。たまたま動き始めたので喜んでいますが、やがて必ずどこかにぶつかるか落ちるでしょう。

早く目を覚まして、自然を弁えた自然人にならなくてはなりません。科学の半端な知恵を完成するのは自然の知恵だと思うのです。少なくとも作物の健康くらい語れなくては、病虫害さえいつまでもなくなりません。このままでは、必ずさらに大きな混乱を招きます。

まあ、知ったことではありません。私は田畑で健康な作物を育てます。好きなように寝て食べて働きます。アブラムシもインフルエンザも出ません。

草の管理

自然農は、田畑をいわば草原状に保ちつつ作物を育てる技術といえます。一般の農業が、田畑をいわば砂漠状に保つのに比べれば自然の営みを大事にしているといえるでしょうが、放任ではありません。必要に応じて草の管理をいたします。当然ながら、作物が草に負けぬように、収穫が安定するように草の管理をするのです。

ちなみに、竹やぶや林になってしまった場所で自然農はできないかといえば、そんなことはありません。手間はかかりますが、田畑に戻して自然農をしている方は大勢います。むしろ田畑の生命力が大きくなっているので、上手にやれば、作物が良く育つと思います。私も以前、林までにはなっていませんでしたが、耕作放棄地を自然農の田畑にしたことがあります。自然農を大勢の方が学ぶ場でしたが、何もしなくても作物が良くできて、皆の学びにかえって役立たないと思ったものです。

さて、それにしても、多くの方が草の管理はどうしているのかと思うでしょうね。

まあ、草の管理はなかなか大変です。自然農の作業はそれしかないというくらいです。そもそも、自然農は家庭菜園用技術として始まっていて、残念なことにその後農業技術としてほとんど進んでいません。そんなわけで、営農目的で少しまとまった面積に作付けすると、とても草管理に手が回らない場合があります。当初、私は正直に取り組み大変な思いをしつつ、いわば根性で乗り切りましたが、ここで自然農による営農を断念した方も多いと思います。

一方で、実際に経験を重ねると、皆さんが想像するほど大変ではないとも思うのです。というのは、草で草を抑えることができるからです。

たとえば、カボチャなどを作付けする場合、私は5月になって冬の草が腰か胸の高さまで派手に繁っているような場所を選んで、そのまま種を播いておきます。やがて冬の草が倒れて夏の草を抑えてくれます。草の管理が極端に楽になるのです。6月にサツマイモの苗をさす時は、もう冬の草が倒れているので、草をかき分けてさしておきます。やはり、草の管理が極端に楽になります。ここで大事なことは、冬の草を刈らないことです。刈ると、冬の草の枯れるのが遅くなるうえに夏の草が十分に抑えられず、草の管理がかえって大変になります。一方、ジャガイモやサトイモを植える場合は、繁った草を刈り払い、種イモを植えたあと、その上に刈った草を集めておきます。ジャガイモやサトイモは草マルチの間から芽を出しますが、他は出せないので大いに助かります。

つまり天然の草マルチを上手に使うのです。経験のうちに草マルチの使い方が少しずつ上手になり、草の管理がずいぶんと楽になりました。有機農業などをしている方が、ビニールマルチを使いながらも草だらけにしているのを見ると、耕さず草を生やしておけば楽になるのにと思うことさえあります。

ところで、冬の草とは、麦のように秋に芽を出し冬を経て春に実る草です。夏の草とは、稲のように春に芽を出し夏を経て秋に実る草です。

当農園の場合、畑の夏の草は自然の草マルチでわりに楽に抑えられました。よって、夏野菜の草管理は、初めの頃を除いて、それほど苦労しなかったのです。一方、冬野菜や稲の草管理はかなり苦労しました。畑ではイタリアンライグラスが、田ではキシュウスズメノヒエが問題となったからです。参考までに、そのへんについて私の経験を御紹介します。

イタリアンライグラス

イタリアンライグラスは、イネ科の牧草です。日常、私らは短縮してイタリアンと呼んでいます。牧草だけに根が強く、再生力に優れ、草管理という面からはやっかいな草です。草マルチも少なければ、下から簡単に芽を出して来ます。もとは海外からわざわざ輸入したのでしょう。それが雑草化しているわけです。私のところでも、いつの頃からか自然にイタリアンが入ってきて、冬の畑を覆うようになりました。冬の草ですね。

ある年の春、畑で作業していると、肉用牛を飼っているという方がやって来て、イタリアンがよくできていると褒めてくださったことがありました。私はビミョーでしたがね。

冬の野菜、ことにニンジンやシュンギクのような種の小さなものを直播きする場合、イタリアンが多く生えてくると手に負えないことになります。最悪播き直しです。

初めの頃は、正直に草管理をしていたので、何日も草取りをしていました。おかげで、稲刈りやタマネギの作付けが遅れてしまい、お客様に迷惑をかけることもしばしばでした。普通なら、このへんで自然農に見切りをつけるのでしょうが、他にする気のない私は続けたわけです。

私が見学会におじゃました折、川口さんは「冬の草管理はほとんど要らない」とおっしゃっていました。しかし、私のところでは、むしろ冬が大変。なぜだか初めはわからない。

川口さんのところは、家庭菜園で比較的面積が狭いので作付けが次々と続き、冬の草の種が落ちていないのです。一方、私のところはそれなりの面積があり、冬の草を繁らせる機会が多いので種がたくさん落ちるのです。その分、生命力が養われ肥料が相対的に少なくて済むのでしょうが、イタリアンの管理に悩まされていたわけです。経験がないと、そんな簡単なことにさえすぐには気がつかないのです。

ニンジンなどは、たとえば春にレタスやタマネギを収穫した後作とすれば、草管理が楽になります。春に草管理が十分できているので、イタリアンなどの種が落ちてないからです。

さらに積極的に春に草刈りをすることもあります。

5月ともなると、夏野菜の作付け場所がだいたい決まってきます。すると、残りの場所のどこかに、秋から冬野菜を作付けすることになる。その頃イタリアンが穂を出してきますので、ニンジンなどの作付け場所を決めて、穂を出す前に草刈りをします。草刈り機で高刈りにすれば良いのです。1回でもかなり有効ですが、2~3回刈ればさすがのイタリアンも秋にほとんど生えなくなります。もちろん、刈ったあとは夏草が繁るに任せます。刈った分だけ田畑の生命力が落ちるので、惜しいのですが、春の15

分の作業が秋の数日分の作業となるのですから、やらない手はないですね。

仕方なく、イタリアンの後作状態で冬野菜の種播きの準備をする時は、少なくとも2～3週間前に草を刈り、種播きの準備をします。やがて、イタリアンが一斉に生えてきますから、それを丁寧に草刈り機で刈り取って、その後種を播きます。イタリアンを完全に抑えることはできませんが有効です。

こんな工夫をするようになって、秋の苦労が少なくなりました。

ところで、このイタリアンライグラス。繁らせたところに夏野菜を作付けすると、強力に夏の草を抑えてくれる、じつにありがたい草でもあるのです。草マルチとして優れているのですね。カボチャなどの作付けには欠かせません。また、粗大有機物として田畑に巡り、田畑全体の生命力を高めることにもなっているでしょうから、場合に応じて上手に付き合いたいと思います。

キシュウスズメノヒエ

キシュウスズメノヒエは田で問題となります。当地ではシバクサと呼んでおり、ここでもシバクサと記します。イネ科の多年草です。

種子でも、ほふく茎でも増えるやっかいな草です。おまけに根は強く、茎も固いので、抜き取ったり刈り取ったりするのも大変です。再生力が強く、雑草マルチもなんのその、すぐに芽を出してきます。

深い水は苦手のようですが、湿地だと旺盛に成長します。不耕起でいささか水保ちの悪い自然農田のごときはシバクサの絶好の生育場所というわけです。自然農稲作に取り組む場合、最も問題になる草かもしれません。救いは、草丈が低く、放っておいても稲が完全に負けることがないことです。しかし、ひどいと極端に分けつが少なくなります。

自然農稲作の開始当初、そのシバクサが畔から少しずつ入ってきました。耕地整理以前はなかった草だそうですから、やはり外来の草なのでしょう。母は、「これだけは除いたほうが良い」として、外に持ち出していました。しかし、私は草を敵としないという自然農的考えから、そのままにしてあったのです。

初めは、少しだけで問題にならなかったのです。しかし、少しずつ増え、10年ほど経った頃には田のほぼ全面がシバクサに覆われるようになりました。その当時は、小さなのこぎり鎌を使い田の草管理をしていましたが、とても応じられなくなったのです。

7月は畑も忙しい時期です。経営の中心がセット野菜の販売ですから、作業も畑優先となりがちです。自然と田の草管理に行くのが遅れます。すると、すでにシバクサは稲の足元でしっかり繁っている。根が強くて引き抜くことができませんので端から少しずつ刈って行く。茎が固くて刈るのも大変です。1条刈るのにも半日かかる。一日で2条。4反で120条あるので、全部刈るのに2か月かかることになります。つまり、自然農稲作はもはや不能ということです。途方に暮れましたね。普通なら、ここで自然農稲作をやめるでしょうね。ところが、他にする気のない私は、やっぱり続けたのです。

川口さんによると、年を重ねるほど、田の草管理は楽になるとのことでした。田の表面に腐植の層ができて、草の刈り取り抜き取りが楽になるのです。実際にその様子を見せてもらっていました。しかし、条件によってそうならない場合があることが初めてわかりました。もちろん、年を重ねて田に蓄積した腐植は増えていました。ちなみに、シバクサは茎が固いだけに腐植を増やす能力も高いようです。おかげで、少しくらい草に負けても、そこそこ茎数が取れるようになってきました。地力が自然についてきたわけです。

それにしても、手が回らない。刈り払い機を入れてみたり、いろいろとやってみましたが、どうも決め手とならない。

ある年の自然農の勉強会で、先輩のＩさんが、そりがな（削り鍬、ホー）を使って田の草管理を早く終わらせるという発表をなさいました。これだ、と思いましたね。

次の年、早速そりがなを買い求めまして、草を刈り始めたら、まあ楽で早いこと。ちなみに、シバクサは茎がしっかりしていてそりがなで刈りやすいのです。

楽で早いとなるとどうなるか、畑の作業と並行して田に入れるようになる。それまでは、田の草管理は時間がかかるので、畑の作業を一段落させないとする気になれませんでした。ところが、田の水を見るついでに少しだけ草管理なんてのができるようになりました。早目の15分の作業は遅れた半日の作業に勝ります。気になれば、シバクサが繁る前にちょっと手を入れる。おかげで、稲作でいちばんの重労働は草管理でしたが、ふたたび田植えがいちばんとなりました。自然農の場合、田植えも手植えですから重労働なのです。

現在の私の田の草管理を水管理と合わせて簡単に紹介します。

まず、6月中旬頃、田植えの少し前に刈り払い機で全面草刈りをします。2反なら、約1日の作業です。冬の草で夏の草を抑えたいところですが、シバクサは草マルチの間から簡単に芽を出すので、今のところ草を刈っています。刈るのは、晴れた日が少なくとも2～3日続く日が良いです。雨があると、刈り取ったほふく茎がすぐに根を降ろすからです。そして、さらに田植えの直前にもざっと刈ってやります。この作業はすぐ終わります。

必要に応じて、そりがなで隣の条の草管理をすることも

愛用のそりがなと目立て用のヤスリ

田植え前には水を入れ、畔をしっかりつけておきます。水もちが良いと、草管理も楽になります。いったん水を落とし田植えをします。2反なら、連れ合いと二人で6日ほどかかります。若い頃は5日でやっていました。実際には、野菜の出荷日があるので、1週間ほどかけて田植えをすることになります。

田植え後、直ちに水をためます。6月から7月いっぱいは深水にしていますが、稲をしっかりさせるために1～2度水を浅くすることもあります。シバクサも、水が浅いところはすぐに繁り始めるので、気になればすぐに手を入れます。その頃は、軽トラックに、そりがなと目立てのためのやすりを常に積んでいます。

田植え後7～15日くらいで、一度目の草管理に入ります。2反なら、私一人でも2～3日もあれば十分です。早目に入ると楽に終わります。続いて、7月の下旬から8月の上旬に2回目の草管理をします。普通なら1回目より早く終わります。

8月に入ったら、間断湛水を徹底して、根を健全に保ちます。稲も丈を伸ばしてくるので、足元の草は繁るに任せます。

現在つくっている品種はアケボノで、当地では9月初めの出穂が普通です。出穂の前後は水を切らさないように注意しています。

シバクサは、8月上旬までしっかり抑えておくことが大事です。それがいい加減だと稲が減葉してしまうこともあります。ちなみに他の草は、当農園ではほとんど問題になりません。パイプ配管が整備され水が十分にあることと、ジャンボタニシが地域に入ってきたことも影響していると思います。稲は成苗植えなのでジャンボタニシの被害が少ないのです。

そこそこ上手にやれば、天候にもよりますが、反当（10a当たり）2石（300kg）～3石（450kg）くらい収穫できます。昔は3石前後収穫するのも珍しくなかったのですが、この頃不作の年が増えているようで気になります。

耕地整理をして2反1枚（3反でなくて良かった）になった田のまんなかに、昨年（2018年）わざわざ畔をつくりました。1反2枚にしたのです。長く不耕起を続けると、どうしても山側が高くなる傾向があるからです。畔により一律に水がためられるようになり、いっそう草管理が楽になりました。稲の茎もかなり取れています。昨年は、花の時期に台風直撃で収量こそ伸びませんでしたが、今後はいくらか期待できるかもしれません。それにしても、手作業でするなら小さい田に限ります。来世紀には、耕地整理をきっと愚かなこととして語るようになるのではないか、なんて思いますがね。

ところで、キシュウスズメノヒエ、田の草管理に関してはやっかいな草ですが、あの強い茎や根、旺盛な繁殖力を見ていると、きっと空気や水や大地を浄化し豊かにしているのだろうと思われます。田の草管理に関しても、私は今のところ正面から取り組むばかりですが、自然の知恵を働かせると思いがけぬ対応もありそうです。キシュウスズメノヒエやジャンボタニシなどの外来動植物は、最近ことに嫌がられるばかりのようですが、それが定着し広がりつつある意味を広い視点から考える必要もあるのではないかと思うのです。

究極の草管理

今まで、私の草管理の苦労や工夫について書きましたが、じつは自然農には究極の草管理方法がすでにあるのです。今回は特別に皆さんにお教えいたします。

私の母は、自然農を始めた頃、「田畑に草が生えてくるのを見ると胸が苦しくなる」とよく言っていました。それでも、自然農を勉強して私たちを手伝ってくれたのです。じつにありがたいことでした。一方、私は一般の農業をしていないだけに草を見てもなんとも思わない。むしろ、草が生えると豊かになるから良いと思うばかりでした。本当にそうなりますし、派手に繁った草を刈り倒したり押し倒すだけで強力な雑草マルチにもなりますし、使いようによっては便利なほどです。

ところで、なぜ人にこのような草への強迫観念が生まれたのでしょうか。自然の侵食にたいする恐れからでしょうか。いえ、早いうちに自然と人間の力関係は逆転していたはずです。それではなぜ……。私は、耕したからだと思うのです。耕して土を裸にすると、落ちていた草の種が一斉に生えてきて手に負えなくなるのです。しかも、土が硬くなり抜き取るのも大変になります。おそらく、耕し始めて、草への強迫観念が人々に生まれたのだと思うのですが、どうでしょうね。

それはともかく、一般の農業者にあるこの草への強迫観念がなくなるだけで、草管理の問題なんて半分片づいたようなものではないでしょうか。まずこれが、第一の草管理方法。そして次がさらに大事な奥義です。

草を生やし自然の営みに任せていると、全体の生命力が増し、作物が本当によくできるようになります。これを実感すると、作付けや草管理に対する考えが全く変わるのです。

私は、刈り払い機も使いますが、主に小さな鍬や鎌で草管理をします。じつは、それで無理なく及ぶくらいの作付けにして、残りは自然に任せて草を生やしておくのが最も効率が良いのです。

無理をしないから、ゆったりと良い仕事ができます。当然作物はよくできて、小さな商売が続きます。同時に田畑も豊かになり、次作も必ずよくできる。持続的で安心で何とも効率が良いでしょう。

今の農業政策や技術が、機械や多くの資材を投入して、一方に早く多く作付けしようとしたり、一方に早く多く草管理しようとしたりするのとは全く異なる考えとなるのです。もちろん、そんな非効率がいつまでも続くわけはありません。

もう気がついたでしょう。作物を育てることと、草を育てることはそもそも同じなのです。強いて言えば、今年の作物を育てるか未来の作物を育てるかの違いです。人を養うか、人を養う他の生命を養うかの違いです。どちらも同じことなのです。初めから、我々は自由だったわけです。

私にちょうど良い作付けにすれば、全部上手にいくのです。なぜなら最も効率が良いからです。これなら、特に草管理に苦労することもなくなるでしょう。究極の草管理方法が明らかになりましたね。

それにしても、「ちょうど良いところが最も効率が良い」という気づきは、今後我々が生き続けるために最も重要になるでしょう。

ちなみに、私にちょうど良く生きるのを「私を全うする」と言うのです。私を全うする時、生きていて良かったなあと思うのです。自然に生きるとはそういうことです。

健康な作物

当農園の見学会に来てくださる人のなかに何人か、自ら育てた農作物を農産物直売所に出して成果をあげている方がいます。皆がそろうと自然と直売所談議に花が咲くわけですけれども、私は出していないのでいささか寂しい思いをします。

ある時、私らも直売所に出しても良いかなと思いまして、連れ合いと近隣の直売所を四つほど見学したことがありました。うち三つは、農協が中心になりやっているもので商品の多くは慣行のものでしょう。もう一つは、個人がやっていて有機農産物や自然農産物（自然農の農産物）だけをきっと吟味して扱っているのでしょう。

それは、直売所に入っただけでわかります。農協がやっているものは、失礼ながら、なかに入っただけで気分が悪くなるほどです。多くの商品が、肥料過多で病的な姿をしているからです。個人がやっているK直売所は、さすがに良いものが並んでいる。そこは、他と違って、農場ごとに商品が並んでいて各人が農薬を使わなくて済むよう工夫を重ねているのが商品にあらわれています。全体にさわやかな美しい姿をしているのです。そのなかでひときわ目を引いたのが、時々当農園の見学会にも来てくださるOさんのコーナーでした。初夏だったのでしょう。サヤインゲンや葉物などが並んでいました。奥さん方もよく知っていて、ほとんど売れていましたがね。

Oさんは無肥料にこだわって、私に言わせれば少しかたくなだと思うほどですが、自然の力だけで作物を育てている。それだけに、さわやかで清らかな野菜の姿でした。良い商品が並んでいる直売所のなかでも目立った美しさ。見ているだけで、心が洗われるというのでしょうか、良い気持ちになりました。こうでなくちゃ!! 今日は良いものを見せていただいたと、何だか楽しくなったものです。

ところで、ある農学の先生が「健康な作物は難しい」とどこかに書いていました。なぜ、難しいのでしょう。健康な作物は自然界で普通に育って病虫害にあわないものでしょう。自然農などしていたら、そんな農産物の姿は、誰でも何となくわかるようになります。どうもその農学の先生には健康美が見えていないようです。残念ながら、農業技術の目標が不明であると自ら言っているのと同じではないでしょうか。現代の農学、農業技術の致命的盲点だと私は思うのですが、どうでしょう。

作物の健康美を弁えるのは自然を弁えるのと同じです。作物の健康な姿とは自然な姿だからです。

今の農業技術は、自然を見失い、健康や豊かさや生き る意味……なんて根本的なことを曖昧にしたまま、とりあえず発展してきたのかもしれません。だから多収が大事となると一方に多収に走る。また、たとえば猫の目農政なんていう言葉もここから生まれたのでしょう。そんな迷いが、農産物の姿にあらわれているように思うのです。一方で、エコファーマー（化学肥料・農薬を慣行農法に比べ、20～30％減らす栽培者）と言ってみたり、ＩＰＭ（総合的病害虫・雑草管理）だのＧＡＰ（農業生産工程管理手法）だのと言う。せっかくの工夫ですが、こんな小手先の工夫では何の問題の解決にもならないはずです。

現代農業技術は、いえ現代文明は糸の切れた凧と同じだという話があります。高く舞い上がっているように見えて、じつはくるくる回って落ちているというのです。よって立つ軸足がないからです。自然、という軸足がない。早くこの愚かさから離れ目覚めなくては、すべての努力が無駄になってしまいます。

おっと、脱線するのはこのへんにして、私の経験を紹介します。

自然農を始めて10年ほど経った頃だと思います。その当時は、タマネギを作付けして米糠を施し収穫し、しばらく休ませ秋になり後作として冬野菜を作付けするのが普通でした。タマネギの残肥で冬野菜を育てていたわけです。そうしないと、冬野菜が十分に育たなかったのです。

その年は、タマネギの後作として、ダイコンやカブを作付けしました。初期発育は良くて、秋口は乗りきり、りっぱなダイコンやカブとなりました。しかし、年が明けて寒くなるとハクサイダニが大発生。葉が黄色くなって、葉付きでお客さんに送れなくなってしまいました。ショックでした。米糠が多過ぎたのです。

あまりのショックに、次の年から無肥料としました。タマネギもほぼ無肥料で育てる。キャベツに追肥くらいはしたかもしれませんが、他は全部無肥料。するとどうなったでしょう。

姿は小さくなりましたが、明らかに病虫害は減ります。ハクサイダニなんてすぐに出なくなります。病虫害の問題は、いつの間にか意識からなくなりました。病虫害の出ない作物はさわやかな美しい姿をしています。そんな作物の育つ田畑全体もさわやかな美しい姿となります。思えば、初めて川口さんの田畑を訪ねた時の気持ちの良さはこれでした。

私は、初めて健康美ということに思い至りました。健康なものは美しいのです。健康な姿とは自然な姿だとも気がつきました。もちろん農業は人の営みですが、目指すのは作物の自然な姿です。市場規格とはまた異なる基準です。いわば私に、自然、という軸足ができたわけです。

私は自然農をする意味がはっきりわかりました。いえ、農業をする目的がはっきりしたのです。今、私は必要に応じて当時より少し余計に肥料を使うことがあります。以前は使わなかった発酵鶏糞を試したりします。いまだに思いがけない失敗もします。しかし、今はもう何をどうしようと迷うことはありません。目的がはっきりしているからです。健康な作物を十分に育てる。そのためには、何をどうしようと自由なのです。私は、自由なのです。

話は変わります。健康な作物は貯蔵性に優れるのです。

私の知り合いの農業者は、天気が悪いと収穫したカボチャが市場に持って行く前に腐ってしまうと嘆いていました。一方、当農園のカボチャなんて、形は小さくとも、正月まで軒下に転がしておいても何ともないです。ニンニクも小さくたって強力で保存性は抜群です。スーパーのとは全く違います。

味も良いです。私が作物の健康に思い至ったちょうどその頃、こんなことがありました。長女が離乳食を始めた頃です。彼女は煮たダイコンを好みまして、よく食べるのでした。それを伝え聞いた近所の方が、あなたのところのダイコンは小さいからと、大きなりっぱなダイコンをわざわざ持って来てくださったのです。おそらく、化学肥料中心で育てた一般的なダイコンです。せっかくだからといただいて、同じように煮て長女に与えたのです。

驚きましたね。全部吐き出すのです。つぶしたダイコンを赤子の口にスプーンで運ぶのですが、舌で全部出してしまう。もちろん、このことは親切な近所の方には黙っていました。今時、グルメだの何だのと言っても、皆さん赤子が吐き出すようなダイコンを普通に食べているわけです。

こんな話を見学会でしていたら、「自然農の野菜は硬いと言われる」とおっしゃる方がいました。

それは確かにあります。畑の生命力が足りないと葉物などは小さくなって硬くなります。極端なやせ地になると、そもそも育ちませんし、育ったとしても商品になりません。そんな時は、草を生やし休ませたり、有機質肥料を上手に使い自然に巡らせて畑の生命力を高めれば良いのです。すると、葉物などがそれなりの大きさに育ち軟らかくなります。

一方で、一般の多くの野菜が肥料過多で軟弱になっているのも事実だろうと思います。それで、保存性が悪くなり病虫害が出るのでしょう。つまり、今の一般のものに比べると少し硬いくらいが本当だろうと思うのです。しっかり噛んで味のある、しゃんとしたものを育てたいと思います。軟らかければ軟らかいほど良いというものでもないでしょう。

まあ、作物や田畑の健康を味わい知れば、こんなまわりの雑音なんて何ほどのこともありません。私ら農業者は、農法によらず、せめて健康な作物くらい語れなくては、どうにもなりません。

あ、直売所ですか。今も私は出していなくて、その話になるとやっぱり寂しい思い?をしています。

第5章

NATURAL FARMING

自然農なる
農業経営と生き方

出穂・開花期の稲

農業経営と生産

新規就農する場合、大きな問題になるのが、まず農地や家などの生産条件を整えることです。私は、両親の経営を継いだので、その苦労を知りません。しかし、農村に暮らしてきた経験からそのへんについて思うところを参考までに記します。

今は幸いなことに、農地などを手に入れるのは、買うにしても、借りるにしてもわりと簡単にできる環境が整っていると思います。農家が高齢化して、離農する方が多いからです。耕作放棄地もたくさんあります。きっと全国的な傾向でしょう。

しかし、それでも農地を入手するのはスーパーで物を買うようにはいきません。村人とすれば、適切に農地を管理してくれるという信用がなくては、とてもお世話できません。たとえば、お世話したところが、思いがけず産廃の不法投棄場になってしまったら、皆が困るでしょ。つまり、初見では相手にしてくれないのが普通です。

徳島県のOさんは、早期退職をして縁のあった畑を借りて自然農を始めました。農産物直売所に出し成果をあげるほど熱心に取り組んでいました。するとまわりから次々と声がかかり、今は7反も預かり営農しています。もうりっぱな農家です。家も自由に使ってくれと言われ、無料で預かり、研修生の宿泊所にしているとのことでした。

私が農業委員をしていた頃ですから、ずいぶん前のことです。5反ほどまとまってある棚田を誰か預かってくれないかという話がありました。「沖津さんのような農業をするなら、あの棚田は使いやすいだろう」とおっしゃるのです。パイプ配管の終わっている南向きの斜面で獣の害もない。私はとても預かれないので、八方声をかけましたが結局お世話ができませんでした。あれは残念でした。幸いにも、今は誰かが預かってくれているようです。つまり、農地を貸したい人、売りたい人はたくさんいるのです。

まず、ここと思う農山村に入る。信用を得て、なんとか小さな農業を始める。熱心に取り組んでいると、まわりから農地は自然と集まるでしょう。まわりの人は様子を見ているからです。もちろん、あらかじめ地元の農業委員や行政担当者などにあいさつしておくこと、地元の集まりに積極的に参加することなども大事だと思います。自然農への理解が進んでいないので、いろいろ言う人もいるでしょうが、逆らわず気にせず良いようにやることです。

若い方が人生をかけて自然農に取り組む場合は、できれば農地を購入したいものです。多くの場合、田畑の生命力を高めるために時間がかかるからです。生産が安定した頃に田畑を返せと言われたという残念な話も時々聞きます。耕作放棄地なら生命力が高まっているケースが多いでしょうが、その場合は水利や獣の害などの確認をしておくべきです。

農家になるためには、農地を3反なり5反なり手に入れる必要があります。本来、農家でなければ農地の借り入れや購入はできないのです。農地は安くなっているとはいえ、まとめて買うとすればまとまったお金が必要です。加えて、家や農具をそろえる費用や当面の生活費も必要でしょう。ある程度のお金を用意して就農するべきですね。

当地の農協がつぶれた頃ですから、もう20年以上前のことです。農地5反（1500坪）に家と宅地がついて500万円で売りに出ましたが、買い手がなかなかなくて困ったと聞きました。今は、さらに値段が下がっているかもしれません。このように、農地の資産価値は小さくなっているのです。それにしても、買うといえば高くなるのが相場です。まあ、高級乗用車が買えるくらいのお金は少なくとも用意しておくのが望ましいでしょうね。

最近は、行政も新規就農者への資金や補助金の提供など手厚い援助をしているようです。今はまだ、「自然農をする」と言うと採択されるのは難しいでしょうが、研究する価値はありそうです。それにしても、行政担当者の皆さんはそろそろ自然農も政策対象に加えるべきだと思いますが、どうでしょうね。

とにかく、農業をする覚悟がしっかりできてさえいれば、農地などを確保するのは、それほど難しくないと思うのです。

しかし、今の日本で農業を仕事とするのは、自然農でなくても、なかなか大変です。技術的にも練れておらず。まわりや行政の理解も少ない自然農ならなおさらです。つまり、覚悟がしっかりしていない人は、初めから就農など考えるべきではありません。自然農を志し農地を借りたもののすぐに放り出した人がいて、ある村の担当者は「自然農だけはやめてほしい」と言っていたそうです。このようでは、地域の人にも、あとから自然農を志す人にも迷惑をかけますからね。

次に問題になるのが経営形態です。手作業を中心とする自然農では当然ながら現在主流の大規模単作経営には向きません。30町分の稲作とか3町分のキャベツ作とか3反分の夏秋ナス作などには向かないということです。もちろん、どこまでやれるかチャレンジするのも興味深いですが、限りがあると思います。やはり、基本となる経営形態は、自給を中心とした小規模、少量多品目生産ということになるでしょう。多くの場合、そのほうが経営としても安定するはずです。

そのうえで、経営の柱を決める必要があります。現在、私のように野菜セットやお米の生産、販売を経営の中心に置く方の他に、果樹やお茶などの生産、販売でも成果をあげている方がいるそうです。それらを参考になさったうえで独自の道も考えればいいと思います。

やっと、生産までまいりました。自然農の場合、生産が安定的に上手にできれば、経営は8割方成功しています。ところが、自然農の技術はそもそも自給用のものです。販売目的で少しまとまった作付けをすると、思いがけぬ困難があるものです。

自給用の小規模作付けから始めて、だんだんと腕を上げてプロになりたいとおっしゃる方がいました。合理的なようですが、自然農の場合、私はどうかなと思います。

というのは、1畝や2畝の稲作体験と、本格的な自給や販売を目的とした1反、2反、5反分の稲作は必ずしも同じではないからです。10～20本のダイコン作と販売目的の２００本、５００本、１０００

本のダイコン作も必ずしも同じではありません。当然のことながら、それなりの技術や技量を養う必要があるのです。そのためには初めから販売目的の作付けをして苦労するほうがむしろ一人前の農業者となるための近道ではないかと思うのです。必要は発明の母とか言うでしょう。きっと、どんな苦労も困難も乗り越えられます。作物は、本来自然のうちに健康に育つようになっているからです。人は、本来豊かに生きられるようになっているからです。

そうはいっても、重労働と失敗を重ね、どうして良いかわからなくなることもあるでしょう。そんな行き詰まりを乗り越えるためにも、自然農を深く学び、自然をたしかに味わい弁《わきま》えることが大事だと思います。自然を知るということは、帰るところができるということだからです。

田畑の生命力が足りなければ、自然に任せれば良いとわかります。肥料を施すにしても、自然に巡らせてやれば良いとわかります。肥料が過ぎて、病虫害を招いても自然に任せていれば浄化されるとわかります。自然な姿、健康な作物の姿もわかります。清々しい田畑の様子が楽しめるようになります。技術上の困難があったとしても、迷いに落ちることがなくなるのです。

今はまだ、自然農をして営農することすらパイオニアであるかもしれません。他の人の3倍も5倍も努力する覚悟がなければ道は開けないかもしれません。そんな苦労のうちに、技術的工夫が生まれ、技量と農業者としての体が養われるのですから、大いに苦労すると良いのです。しかし、体を壊してはいけません。疲れて、いやになったら、自然の営みを思うのです。それぞれがそれぞれの生命を全うしているだけで、あれほど美しく完全なのです。一人は一人分で十分です。上手に休んで、自分の力が十分発揮できるようになれば一人前の農業者です。

暑さ、寒さ、疲れや忙しいさで心が大きく乱されても、その奥にピクとも動かぬ確かなものを持っていると、何がどうでもへのカッパです。どんな課題や困難に対しても、落ち着いて地道に向かい合えるはずです。するといつの間にか、どんな困難も乗り越えられ、美しい田畑が営めること請け合いです。

考えてみれば、私はほとんど農業経験も技術もないまま就農したのです。

就農当時、私の農業経験、知識は、川口さんの2か月に1度の勉強会に1年余り通ったことと、有機農業の農場で3か月ほど研修したことが全部でした。あとは、自然農を知らない両親に教えてもらうらい。家庭菜園向けの本を畑に持って行き、見ながら作業をしたこともありました。あんな状態でよく始めたものです。今なら、とてもできません。それでも一所懸命ですから、夢中で農業をしました。若さ、というのはすごいものです。

当時の私には、知識も経験もありませんでしたが、必ず成功させるというギラギラした思いだけはあったと思います。また、川口さんの勉強会などで、自然の実相を深く考える機会をいただいたのも、農業を続ける大きなエネルギーとなりました。

技術的な課題も次々とありました。しかし、たとえば、道具を選んだり作付け場所や方法に少し配慮したり、肥料を上手に使ったり、田に畔をつくったり……というように少し工夫するだけで解決してきました。

まだまだ課題を残していますが、それにしても、当初に比べれば私のところの生産性はずいぶん高くなったと思います。草のなかに作付けするくらいで、お金もかけず、こんなにたくさんよくできるものだと思います。今では、誰でもできる自然農経営だとも思うのです。生産が安定的にできれば、もう自然農経営は成功したようなものですからね。

どうも、作物も人も自然に育つようになっているようです。あわてる必要はないようですね。

農業経営と商売

自然農経営を考えると、農産物の売り方は多くの場合課題となるでしょう。自然農産物（自然農の産物）は、いまだ農協の共販などないでしょうし、一般市場にぼんやり出しても必ずしも有利販売できるものではありません。もっとも、そのうち、農協に自然農部会なんぞできて共同販売でも始まれば、楽しいと思いますがね。それはともかく、最近は、有機農産物や自然農産物などを専門に扱う業者さんや直売所があるそうですから、昔よりは販売チャンネルが増えたようです。それにしても、自然農経営を始めるなら、今でも商売は大きな課題となるでしょう。

「沖津さんは、どのようにして商売を続けてきたのか」と問われることがあります。

じつは、問われても答えることができないのです。というのは、特に何もしていないからです。何もしていないのに、それなりに商売が続いています。私のところでは、今では主流となったネットでの発信はおろか看板すら掲げていないのです。それでよく商売が続いてきたものだと、時々連れ合いと話すのですがね。まあ、日々の生活が自然に商売の小さな宣伝になってきたのでしょう。

そんないいかげんな私ですけれども、長くやっているうちに大事だと思うことがあります。それは、農業者としての力量、いえ人間としての力量を養うことです。人生における課題でしょうが、商売においても大事だと思うようになりました。

農業者としての力量というのは、上手に農産物が育てられるということです。人間としての力量というのは、同じようなことですが、もう少し広い範囲のことを指すかもしれません。たとえば、思いやることができる。

自らを思いやる。家族を思いやる。隣人やお客さんや皆を思いやる。さらには何もかもを思いやる。いつでも、そうできるようなら、人間としての力量がついたのだと思います。

そうあれば、自然に私や家族やまわりが円満になります。円満で楽しくあればこそ、自らの力が十分発揮できるわけです。自然と良い農業となり、商売を通じてお客さんが喜んでくださいます。何もしなくても、商売が続くゆえんです。

誰でも農業経営に真摯に取り組めば、農業技術を高めるとともに、自らの人間的力量を高めることの重要性に気がつくはずです。至らぬ私も長い間に各方面で少しずつ力がついて、お客さんに支えられるのだと思います。おそらく、どこか私どものお米や野菜を気に入ってくださっているのでしょうが、加えて私どもを応援してくださる気持ちもあり、長くお客さんになってくださるのでしょう。誠にありがたいことだと思っています。

もっとも、私も初めはこんなにゆるい感じではありませんでした。やはり、商売を成功させるという切実な思いを持っていました。

たとえば、役人時代、退職し自然農を始めると決めた時、もう営業活動を始めました。自然農を始める旨を記し、サポート一口1000円ということでチラシをつくり、同僚などに配ったのです。特典は、やがてできるであろう農場の無料宿泊と農場便りを送ることでした。インターネットなどない時代です。今で言う、ちょっとしたクラウドファンディングですね。皆さん大いに激励してくださり、その後長くお客さんになってくださる方もいてありがたいことでした。また、役所に出入りしていた記者さんがたまたまそのチラシを見て、朝日や日経だったでしょうか、私の記事を書いてくださいました。それも、あとで役に立つことになりました。「事業はろくなのつくらないのに、こんなことになると良いアイデアが出るんだな」と上司に褒められた？のを思い出します。

退職し、有機農場に研修に入ると、ちょうどNHK四国が取材に来ていました。有機農業を目指す若者という内容で、小さな作品がローカル放送されたのです。そこでも、役人を辞めて就農するというのがおもしろかったのか、私のことが多く取り上げられました。それもあとで役に立つことになりました。

7月になって就農し、初年から生産はわりに上手にいき、11月からは本格的に営業活動。私は、初めから個人のお客さんに農作物を売ることを考えていました。当時は、有機農業をしている方も多くが同じような経営をしていたと思います。と申しましても、チラシをつくるくらいしか方法がない時代です。チラシをつくり、徳島市などに行き、ずいぶん配りました。県庁にも行き配りました。机が並んでいて配りやすいのです。「がんばれよ」なんて声をかけてくださる人がいて、ありがたかったです。当時は、まだおおらかな感じでした。

どこかで少し知っていてくれるだけで、チラシも効くのです。すぐに2～3軒お客さんができました。その当時の私は、いつも軽トラックにチラシをのせていて、機会があればどこでも配りました。常に、どうやってお客さんを獲得するか考えているような状態だったでしょう。地元の新聞にも情報を送りました。記事が書きやすいように要点をまとめ情報を送るのです。役人時代に新事業を業界紙にＰＲしたのと同じ要領でした。

地元の新聞に当農園の記事が初めて載った時は、朝から電話が鳴りっぱなしでした。もちろん、生産に限りがあるので、お断りするばかりでしたがね。当時の新聞の影響力は大きかったのです。しかし、それがきっかけとなり、他のマスコミも当農園のことを取り上げてくれました。おかげで初期の頃は、お客さんに困ることはありませんでした。もっとも、私は農業にてんてこまいでしたがね。

お客さんが少なくなったのは、17年ほど前、母を突然亡くした頃でした。

労働力が少なくなって、生産が混乱したのです。生産が困ると、商売も困る。お客さんが減り、今日の配達は1セットなんて日もありました。私たちにとり、いちばん辛い時期だったでしょう。そこで、労力不足を補うために研修生を入れたり、他から農作物を入れたりしなかったのが、私の場合は良かったと思います。苦しい時こそ、くさらず、コツコツと正直にやることが大事だと思うのです。大いに力がつく時だからです。

その頃でしょうか、たくさん余ったピーマンやシシトウガラシをチラシと一緒にビニール袋に入れて、生協の駐車場で配ったことがありました。奥さん方は皆、喜んで受けとってくださいましたが、そのうち店長さんが出てきて、ひどく怒られました。商売のじゃま、というわけです。まあ、当然でしょう。もう笑い話ですが、当時は少々辛かったです。商売は厳しいのです。

そんな失敗もありましたが、私はコツコツと仕事をしました。じつは、他のことを考える余裕がなかったのです。夢中で正直に仕事を重ねるなかで、少しずつ力がついたのでしょう、ふたたび生産が安定してきました。すると、不思議なことに、特に何もしないのにふたたびお客さんも増えてきたのです。本来、そういうものかもしれません。その頃やっと、商売もまた自らの力量によるのだと思い至りました。もちろん、自慢できるような商売ではありませんが、途切れることなく今まで続けてこられたのは、良かったと思います。何よりも、ずっとその時の私どもにちょうど良い商売であったようなのが、ありがたく思われるのです。

以前、自然農の勉強会で、旗を立てない、つまり宣伝をしないと聞きました。他に期待せず自らを問えということでしょう。商売においても心にとめておきたい大事なことだと思います。

しかし、商売の場合、宣伝をしないと文字どおり受け取ると困るでしょう。ことに最初は、何か宣伝がなくては、商売が始まりませんわね。宣伝も上手に使って、良い商売をするべく努力を重ねるなかで、自分自身も力がつくのです。宣伝くらい自由自在に使えなくては、自然農ではありません。

私のところの見学会に来てくれた若者は、事業所を中心に商売をして成果をあげているとのことでした。当初、彼は農産物を実際に持って、レストランなど一軒ずつ回って商談をまとめたそうです。「食べてもらえば、使ってもらえると思った」と言う。たいした自信と根性です。これくらいなら、きっと成功するでしょう。

今は、インターネットがありまして、動画さえ簡単に発信できるそうですね。私はまるで縁がないのでよくわかりませんが、商売にはありがたい時代かもしれません。

そんな話をすると、ある方が「ＳＮＳには、農産物の販売情報があふれていて、成功するかどうか不安です」とおっしゃる。そんな時代なのですね。

しかし、心配することはありません。私なんぞ、ネットでの発信はおろかケータイさえ持ったことがありません。それでも、27年間も商売をし生活してきました。要は、健康な作物を育てて、お客さんに喜んでもらうことです。そうできる私になれば良いのです。すると、自然に商売は続くようです。宣伝なんて、包装くらいのもので、結局どうでも良いのです。

もっとも、私がネットでの発信も看板もなしに商売をしているのは、自慢だとは思っていません。やはり、怠けているのだと思います。

ふたたびしっかり宣伝をして、しっかり商売をして、都会が好きだという子どもらに貯金通帳なんぞ見せて、会社なんぞ辞めてしまえと言いたいところですが、還暦を迎えてとみに体力の衰えを感じる昨今であれば、縁のある範囲で静かに商売をするほうが長生きできるかなとも思う今日この頃です。

ともあれ、長い間には、良い時も悪い時もあります。良い時におごらず、悪い時にくさらず、いつも良い仕事を重ねるのは、人生においても商売においてもやはり大事でしょうね。

値段と所得

アマチュア志向の強い今の自然農の世界?では、所得のことをあまり考えないようです。むしろ、避ける傾向すらあるかもしれません。それで、プロの農業者があまり育っていないのでしょう。

しかし、これは我々自然農をしてきた者の、力不足であり、怠慢であると思います。今の日本で農業を仕事とする以上、いくらか所得をあげないと暮らせないからです。農業に答えが出せないようなのは、自然農ではありません。自然農は本来、自然の恩恵を十全に利用し、人の能力を十全に発揮するものです。生活に必要な所得くらいあげられないのは、自然農ではないのです。もちろん、しないのとできないのは違います、念のため。

まあ、これくらいのことは、少なくとも上座で自然農を語る人は知っておかなくてはなりません。

しかし、皆が所得のことをあまり考えないようなのも、当然なのです。というのは、のらのら働けば、お金もかけずに、あり余るほどのお米や野菜が育つ自然農生活を一度経験すると、本来お金なんてなくてもきっと我々は豊かに生きられるだろうと思われるからです。今は、そのうえに便利なお金があるのですから、もう世の中から争いや不幸が全部なくなりそうなものですが、そうなっていないのは、現代人の生活が不自然だからでしょう。

不自然な社会や生活のうちに、皆がお金がなくては生きられないと思っているような現代です。まあ、国のリーダーからして、人の道や、人類の理想を語る前に、景気のこと、つまりお金もうけを語る昨今ですから、御苦労なことです。どうも、今は多くの人がお金は多ければ多いほど良いと思っているのでしょう。自らや、地球環境や、将来世代の生活さえ犠牲にして、お金をかせいでる現代人です。どこまでも足りないのだから、どこまでも豊かになりません。

自然人は、何もなくても、足りています。自然人は、満たされているから、ぼんやりとしているように見えるのです。ぼんやりとしているようで、宇宙の頂点に立っているのです。

と申しましても、いくら自然農生活をしましても、現代の日本に生きるのですから、いささかのお金が必要になります。なにしろ、お米やトウガンで各方面の支払いができると良いのですが、そうも行きませんからね。

まず、必要になるのが税金の類です。健康保険税やら何やらとずいぶん必要です。教育費も必要ですが、まあこれは奨学金やら何やらあるので、子どもに少し勉強してもらえばなんとかなるものです。自然農生活なら、その他に必要なものはほんの少しです。

いくら必要かと言えば、それはその人の力量によるのです。その人に力量があれば、少ないお金でも生活できます。他の人に頼る必要が少ないからです。力量が足りなければ、他の人のお世話に多くなるので、多くお金も必要になるのです。

まあ、私どものような力不足のものでも、年間200万円の所得もあれば、十分に人並みの生活ができると思います。200万円は少ないようですが、東京で600万円で暮らすよりも、時間的にも空間的にも食生活においても、健康的で文化的な生活ができるはずです。つつましく、エコな生活が豊かさと安心の指標です。なぜ、他産業並みの所得の確保が農政上の課題なのか、自然農生活をしているとわからなくなるのが正直なところです。皆は、どうしてお金がそんなに要るのでしょう、不思議なくらいです。本来、人は自然のうちに一人でも生きていけるはずです。

もう話がほとんど終わりそうですが、気を取り直して、値段と所得について考えてみます。

農作物を売る場合、値段をどうするのかが問題となります。今は、有機農産物などの流通もそれなりにあって、ネットで調べれば値頃がすぐに明らかになるのかもしれません。それでも、最後は自分で値段を決めなくてはならないでしょう。

わたしは、チラシを初めてつくった時、仮想の経営設計から値段を決めました。野菜1セット1500円、1月6000円。30軒のお客さんに毎週送るとして月18万円の売り上げ。加えて、年末のお米の売り上げをボーナスとする。

連れ合いに「月18万円でやれるかな」と聞いたら、彼女は生返事でした。何もわからないままのスタートだったのです。

その後、しだいに値段を上げて、現在野菜1セット2500円、一月1万円。お米も同様、当初玄米で１kg当たり６００円だったものを今は９００円／kgに、白米は１０００円／kgに値上げしています。お米は一時期、玄米１０００円／kg、白米１１００／kgとしていましたが、送料が高くなったり、工夫して田の草管理が少し楽になったりを考えて、最近少し値下げしました。ちなみに、以上はすべて送料など別の値段です。

しだいに値を上げたのは、安いと思っても高くするべきか判断がつかなかったからです。安いほど良いという考えがどこかにあったのです。正面から値段に向き合っていなかったのだと思います。それでも、一応経営できたのです。

ある日、これではいけないと思いまして、真剣に考えた結果が、今の値段です。自然農の勉強会に参加しまして、私に続く自然農経営者がほとんどいないことにショックを受けたのがきっかけでした。

自然農に必要な資材は少のうございます。ほぼ労力だけ。つまり、自分の労力をどう評価するかで値段が決まります。農業を正直にやり、商売に向き合うと、これだけの値段でなければやれないというところが自然に出てきます。いわば、損も得もないところから出た答えです。もちろん、値段は相対的なものなので、条件が変われればそれに応じて変わるものだと思います。ゼロにも無限大にもなるでしょう。しかし、今ならこの値段と出せるわけです。

皆さんがどのような経営をなさろうと、最後はこのように値段を決めたら良いのだと思います。そんな値段なら、必ず商売は成立します。

ところで、当農園の今の値段なら、誰もが仮に私と同じような経営をしても、きっとやっていけるだろうと思います。もちろん、私はやってきました。

たとえば、私らのように年を取っても、自然農をして、年間を通じて週に10～20セットくらいの野菜を出すのはそれほどの苦労ではないです。現在、田はわずか2反しか作付けしていませんが、それくらいなら今しばらくできそうです。

毎週10セット出せば野菜の売り上げが年間120万円。お米を400kg売れば40万円の売り上げとなります。合わせて160万円。そして、その売り上げがほぼ所得です。毎週20セット出せば、お米と合わせて約280万円の所得となります。なんとか、いや十分生活できるでしょう。

若い人なら、少しがんばって上手にやれば、年間を通じて毎週30セットほどの野菜を出すのは可能でしょう。すると、お米と合わせて約400万円の所得となります。仮に新規就農で、借地中心で始めても、10～15年がんばれば、小さな家と農地などそろえることができそうです。

私らが若い時には、母にも手伝ってもらっていましたが、野菜セットを毎週40セット前後出し田を4反作付けし、お米を毎年1・2tほど売っていました。すると、年間約600万円の所得となります。2世代でやる経営も良いですね。もっとも、農山村でつつましい生活をするのに、普通はこんなに多くの所得は不要です。ここまで、がんばる必要はないかもしれませんね。ちなみに、私のところは、当時野菜もお米も今より安い価格で販売していたので、せいぜい400万円前後の所得だったと思います。

以上、とりあえず自然農における経営モデルを示すことができたと思います。そこの若者、一つチャレンジしませんか、悪くないと思いますがね。

出穂前（品種はアケボノ）。少しくらい草があってもだいじょうぶ

ところで話は変わりますが、今の一般の農産物価格は安過ぎると思います。安いほど良いというものじゃない。

私が農業を始めた当時、当地では上田一反（10a）当たり300万円が相場でした。今は100万円で売れたら良いほうでしょう。小作料なら年間2万円が相場でした。今は1万円、0円も珍しくありません。実際私のところにも、頼まれて、0円で借りている土地があります。もちろん、水代や税金の類《たぐい》は地主持ちが普通です。100万円で1反の田を買い米をつくれば、家族が永代食べて余ります。1万円で1反の田を借り米をつくれば、家族が1年間食べて余ります。それでも、農業をする人はいません。人件費にたいして農産物が安過ぎるのです。

極端に安い農産物が大都市を支えてきました。労働力と資本を都会に集めて効率よくお金を稼ぐシステムをつくったのです。今まで、農業もそのためにあったのです。しかし、どうもこのシステムは各方面で行き詰まってしまった。
たとえば、首都圏３０００万人に少人数で食料を送り続けるなんて無理、浪費がこの先いつまでもできるわけがないでしょう。皆を農山村にふたたび呼び戻さないと、我々の安心はないのです。自給を中心に置いた、地産地消、地方分散型社会を実現しなければ、私たちが本当に豊かな心で生き続けることはできないのだと思うのです。

農業者が健康な作物を育て、生活できる価格で売るのは一人農業者のためではありません。全人類のためであるという認識を正確にしなければなりません。持続的な農業をして持続的な価格で売るのは、持続的社会を実現するための基本となる人の営みです。我々農業者の責任は大きいのです。

次に農業にかかる補助金の利用について一言。

自然農を学ぶ人のなかには補助金を嫌う向きもありますが、私は、いただけるものはいただいて上手に利用したら良いと思います。自然農の場合、よほどしっかり経営しないと採択要件を満たしません。後進のためにも、しっかり農業をして、少なくとも補助事業の対象となるくらいの成果を出したいものです。利用する、しないは、それから言わないとお笑いになりますね。

それにしても、好きなように寝て、食べて働くくらいの自然農生活にはそもそもお金がかからないという発見は、全人類にとっての福音ではないでしょうか。何しろ、全人類が日本人一般のような消費生活をするなら、地球一個じゃ足りないのだそうですからね。

何よりも自分を大事にして、他を思いやり、優しい心で日々生きるだけで、地球温暖化をはじめ現代のすべての問題が解決するようだから、ありがたくなるでしょう。もっとも、そんな簡単なことに皆が気がついていないようだから、気がついた人から自然農生活を始めることが大事になるのです。

自然農経営を志す若者へ

近頃、私はわりにゆったりしています。年相応に、あまり無理のない農業や商売をしているからだと思います。もちろん、毎日あれこれしていますが、やはりどこかゆったりしているのです。しかし、昔はこうじゃなかった。

若い頃のことですがね、小学校で農業のことを話してくれと頼まれて、行ったものの教壇に立っていられないことがありました。ずいぶん疲れていたのです。そんなになっているのに田畑に向かうとしっかりする。やはり、アドレナリンが出ていたのでしょうね。ずいぶん無理をしていたわけです。

その当時、私はよく怖いと言われました。力不足のまま、それでも精いっぱい自然農に取り組んでいたのです。心に余裕なんてなかった。よく乗り越えられたものです。まわりの多くの人たちのおかげでした。

どうにも農作業に手が回らなくて、自然農の勉強会に行くと「手作業で手前から一つずつやる……」と話していました。「こりゃあかん」と思ったものです。

自然農で営農するのは、ほとんど誰もやったことのないことでした。今も、それはほぼ変わらない。

やり始めると、きっと困難があるでしょう。自分一人でそれを解決しなければなりません。多くは、経験や力がないなかで取り組むのでしょうから大変です。自然に、夢中になって精いっぱい取り組むことになる。それでなければ、乗り越えられるものじゃない。怖い顔になって当然です。まともに仕事ができないうちから、したり顔で聞いたふうなことを言うよりもずっと健全です。ことに若いうちは、倒れるくらいやれば良い。翌日はケロッとしているのですからね。そうやって、誰しも一人前の農業者となるのでしょうからね。そうやって、自然農も一人前の農業技術となるのでしょうからね。

でもね、体を壊してはいけません。一人は一人分で十分。疲れたら休めば良いのです。休めば、きっと上手にいきます。

そうわかっていても、イライラしたり、不安になったりすることもあるでしょう。疲れ果て、頭がいっぱいになることもあるかもしれません。そんな時は「生死別なし、自他一体、何がどうでもへのカッパ」ととなえて心を落ち着けるのも良いです。あるいは、ここにしっかりと立ち、大地を確かに味わうのも良いです。心を落ち着け呼吸を整えれば、自分やまわりがよく見えます。自然に仕事の段取りが湧いてきます。段取りが決まれば、仕事はできたようなものです。心が晴れて、楽しくなります。もちろん、上手に休むこともできるのです。そんなことをしているうちに、いつの間にかどんな困難も乗り越えているでしょう。

やがて力がついて、いつも落ち着いて仕事ができるようになります。自然に作業上の工夫が生まれ、段取りが良くなり、無駄な作業をしなくなります。自分にちょうど良いところもわかり、無駄に心も使わなくなります。仕事も心も丸くなるのです。

丸くなると、ころころと仕事も生活も運ぶようです。大概のことは、ころころと上手に越えられるのです。いつの間にか、顔つきも丸くなるのでしょう。私も怖いと言われなくなって久しいです。自然の営みが感じられて何やら楽しくなったりします。そんなことがわかると、私にちょうど良いは、ほどほどにするのではなくて、自分の力を十分に発揮することだと気がつきます。「私を全うする」ことなのです。

あなた方も、がんばっているうちに、やがて丸くなる。あなた方にふさわしい、新しい丸をあちこちに書いていただきたいものです。何だか楽しくなりますね。

私ですか、私はもう丸も三角もなくなって毎日働いています。もちろん、手作業を中心にして手前から一つずつ作業をします。良い感じです。

自然農と宗教

至らぬ私が宗教を語るのは気がひけますが、自然農の基本である自然を語る以上、触れないわけにはまいりません。ところで、今時宗教というと眉をひそめる方もあるかもしれませんが、ここでは「人の生き方の基本となる教え」くらいの本来の意味で使っています。

まず、ここにある、この自然の営みについて少し考えてみましょう。

この自然の営みは、全宇宙を容《い》れてとどまることがないのでしょう。だから、空《くう》と言います。空間の空です。空だからすべてを容れられるのですね。また、空であるがゆえに決まった形がありません。ある時は美しい野山に、ある時は鳥や虫たちに、ある時は喜びに、ある時は怒りや憎しみに、ある時は覚りからの美しい田畑に、ある時は迷いや恐れからの核兵器や原発といった愚かの極みにさえなって私たちの前にあらわれるのです。もちろん、美に触れ心を豊かにし、迷いや憎しみに触れ心を重くする人の性《しょう》も自然の営みです。自然はどこにでもある。あなたも私も皆も自然に満たされているわけです。

ところで、時空という言葉がありますが、自然の営み、生命の営みを我々は時間として認識しているのでしょう。

自然は、すべてを貫く理《ことわり》だともいえるでしょう。全宇宙の営みが自然の営みだからです。じつは、すべてを貫く理を真理と呼ぶのです。つまり、自然農は真理農とも書けるわけです。真、善、美を明らかにするのが宗教ですから自然農を語るのは宗教を語ることになるのですね。

それでは、その大事な自然を味わい弁えるとはどういうことでしょうか。

昔のことですがね。その日、私は愛用の軽トラックを運転して田んぼのなかの道を南に行きました。窓から入ってくるやわらかい風が作業でほてった体を気持ち良く冷やしてくれます。いつもと変わらぬ静かな夕刻でした。大きな道に当たり、左にクイッと曲がると、部活帰りでしょうか、大勢の女子高生が自転車で広い歩道をゆっくりとやって来る。皆がスマホを構えてこちらを写している。

「俺は女子高生にこんなに人気があるのか……？」そんなわけはない。皆、夕焼け空を写していたのです。私も、今日はことに夕焼けがきれいだと気がついていました。

ところで、この女子高生たちはもう自然を味わっているのです。自然が華やかな姿となって立ちあわれた刹那、そこに示された普遍的な美を味わっている。残念なのは、スマホを使わず静かに夕焼け空を味わえば、ずっと印象が深くなり、長く記憶されるものになっただろうにと思われることですがね。感動です。

自然を味わうとは、感動なのです。自然の営みの調和美、完全美、生命の営みの健康美、それが持つ清々しさに触れて感動する。

感動は、人間を浄化し前向きにするでしょう。楽しくなるのですね。これが、自然の営みを味わう、生命の営みを味わうことです。だから、全身で味わう、全身でわかる、天地が語る、向こうからやってくる……なんて言葉が出てくるのです。わかるでしょ。科学者が頭のなかで考えて理解しようとするのとは、全く違う理解の仕方ですね。

誰でも味わえるのです。たとえば、自然の田畑で働いていると、そのうち誰でも気がつきます。もちろん、自然はどこにでもあるので、どこでも誰でもふと味わうこともあるでしょう。味わえるようになると、いつでもどこでも味わえるのです。

自然の営みを味わう時、生命の営みを味わう時、そこに疑いが入りません。理屈を超えて確かなものを感じるからです、夕焼け空の美しさに感動した時、その美しさや感動に疑いが入らないのと同じです。

自然の営みを真と言います。自然の営みに沿う生き方を善と言います。自然な姿を美と言います。まあ、理屈で言えば、そんなふうになるでしょうか。

自然の営みに気がつくと、あるがままで良かった、初めから足りていた、なんて自然にわかります。聞いたふうなことを……と鼻で笑うのは、あなたが知らないからです。

朝、自然の田畑に行くと、小鳥はさえずり、朝露輝き、花々咲き乱れ、チョウや虫たちが花の間を飛び交う……。そこはなんとも美しく、清々しい気に満ちています。この世がそのまま極楽、桃源郷であったと誰でも思い至ります。

思えば、耕しもせず、草のなかに種を播いたり苗を植えたりするくらいで、食べきれないほど、売りきれないほど、お米や野菜が育つ。何もしないのに、お客さんや皆が喜んでくださり、いつの間にか子どもは育ち、私たちは年を取る。なんとも、ありがたくなるでしょう。あるがままで良かった、初めから足りていた、なんて誰でも思い至ります。そんなことさえわからないのは、自然を皆が知らないからです。

自然農は、こんな気づきから始まっています。今主流の科学農業が、耕してできた負債を化学肥料や次々と開発される資材で補おうとしてますます不自然に陥り、次々と問題を招いているのとは逆に、無駄なことは全部やめて、人がするのは最小限にして、あとは自然に任せる工夫が自然農です。完全なる自然の恩恵を十全にいただく農業のあり方なのです。

農業のみならず、現代文明が抱えるすべての問題は、私たちが自然を見失ったことから始まったのだと思うのです。

我々農家は、真を弁え、善をおこない、人生と田畑に美を描く、本当の宗教家、芸術家でなくてはなりません。それは苦労ではありません。そうすることが、楽であり、安心であり、幸福であると誰でもわかります。そして、そう生きるところに人としての成長もあるのです。

少なくとも、他産業従事者並みの所得の確保なんぞという程度の低い目標をあげて、あくせくしているような農業では、全人類を、地球を救うには足りません。私一人さえ、本当には救えぬ農業だからです。我々農家は、しゃんとしなくてはなりません。なにしろ、農業は人の営みの基本ですからね。

ところで、大事なことがあるのです。

たとえば、私は、ＳＮＳ、ライン、インスタ映え……なんて言われても、説明を聞いても、わかったようでわかりません。今時、誰でも知っているようなことが、私にはよくわからない。自ら触れていないからです。言葉とはそういうものなのです。言葉だけで本当に理解することはできません。

たとえば自然の田畑で働くうちに、実際に自然を味わい、日常生活のなかで言葉の示すことを温め理解を深めて、初めて本当にわかったことになるのです。すると、いつの間にかあなたの言葉で自然や生命の営みについて語り始めるはずです。

もっとも、参考にするのが私の言葉だけではいささか心もとないので、先賢の仕事をあげておきます。

古くは、各種の仏典や聖書に真理や善なる生き方についての示唆がちりばめられています。老子も味わうに足ると思います。日本においても、道元が真理を伝えてくれています。近い時代では、昭和期の禅僧山田無文老師の提唱や法話が多く文字に残されていて、私たちに真理を語りかけてくれます。私の場合は、彼の提唱を通じ『碧眼録』や『臨済録』などの古典に触れたことも、自然農の理解や実践に大いに役立ったと思います。作家では、トルストイが『イワンの馬鹿』のなかで自然人の生き方を楽しく描き出しています。ただ、「手にタコのない人は、残り物を食べなければならない」という最後の下りは、トルストイが自然人になりきれなかったことを示しているのかもしれません。イワンなら、そんな差別はしないと思うのです。農業者では、川口由一さんが『妙なる畑に立ちて』のなかで真理を各方面から説いてくださっています。自然農を志す方なら必読だと思います。

勉強不足の私は多くをあげることはできませんが、その他にも多くの優れた先人がそれぞれの立場から私たちに真理を届けてくださっているはずです。大事なことは、それらを参考にしても表面的な理解に終わらず、自然を味わうなかで優れた言葉の示すものを深く認識することです。そうすることで、優れた言葉とそうでないものとの判別も自ずとつくようになるでしょう。

真、善、美について自らのなかで温め明らかにすることは、日常や農業に役立つだけでなく、この上ない楽しみとなるはずです。

自然農と科学

私は、自然農について書かないかと依頼をいただいて引き受けたものの、はたと困ったのです。農業について何も知らないことを思い出したからです。もちろん、20年以上にわたりプロとして自然農に取り組んできたわけですが、農業について何も知らない。

それも当然なのです。たとえば、自然農をするのにお金はあまり要らないので、農業経営学が不要です。肥料をほとんど施さないので肥料学が不要です。土地は自然に良くなるので土壌学も不要です。病気や虫害はほとんどないので、農薬学や植物防疫学も不要です。草や虫などをもとより問題にしないので、雑草学も病害虫学も不要です。特別なことをしなくても余るほど収穫できるので、バイテクや生命科学も不要です。自然環境に負荷をかけないので、環境学も不要です。つまり、何も知らなくても、自然農はなんとかできるわけです。

しかし、私も一応農学部を出ていますから、そのへん少し格好良く書きたいと思いまして、手近の農学の教科書などを少し読んでみたのです。専門書をまともに読むのは、学生の時以来かもしれません。すると、内容はともかくとして、おもしろいことに気がついたのです。農学書、専門書を読めば読むほど、境地が低くなるというのでしょうか、気持ちがふさぐのです。農学者の皆さん、科学者の皆さんの迷いが紙面にあふれ、それに触れているうちにだんだんと自然が見えなくなる。そのうち、気分まで悪くなる、いやはや。

そんな話をすると、「専門特化の弊害ですか」と質問をいただきました。いいえ、もっと本質的なことだと思うのです。

仮に、科学者に白いエンドウの花について問うてみましょう。きっと、彼はまず花の写真をいろいろと見せてくれるでしょう。次には、花びらやがく、雌しべ、雄しべなどについて詳しく説明してくれるでしょうか。さらには、分析機にかけて成分やＤＮＡ配列まで明らかにして、遺伝子操作でもっと優れた花になる、なんて説明してくれるかもしれませんね。

次に、自然の田畑で働くばかりの無知な自然人に問うてみましょう。彼は、無知だけに、にっこり笑うくらいでまともに答えることができません。ただ彼は、エンドウの花を見るくらいで、時には踊り出したり歌い出したりするくらい喜んでみせたりするのです。時には、思わず手を合わせたくなるほど、ありがたくなるという。時には、何とも心楽しくなって、心豊かになるのだという。皆は、そんな自然人を馬鹿だと言い、変だと言うかもしれません。

しかし、私は、人に備わる最高の知恵を発揮しているのは後者だと思うのです。花を通じ、自然の営み、生命の営みの確かさ、ありがたさ、つまり自然の実相を会得しているのは後者ではないですか。前者は花の説明に終わり、花の心、いえ真に触れていないのです。いわば、自然の実相の周辺を説明しているに過ぎないのです。だから、農学の教科書には、どこにも健康な作物について書いていない。ちょうど良いところ、も書いていない。すなわち、科学技術には軸足も帰るところもないのです。真、善、美が不明のまま、科学はどこまでもさまよっているわけです。これが、科学の迷いです。

もちろん、現代の科学農業は目覚ましい成果をあげました。いわゆる緑の革命は生産性を飛躍的に高めたのです。しかし、自然農の立場から見ると、不自然な農業になってしまったように思えるのです。

多収にとらわれるあまり自然の循環から大きく外れてしまい、多くの問題を招くようになりました。しかも、その問題の解決のためにさらなる不自然を選ぼうとしているようです。

多収を求めて、生み出すよりも多くの資源を投入するようになった現代農業です。農業の工業化ですね。その結果、生産性は確かに上がりました。ありがたいことに、世間に食料は満ち、フードロスさえ社会問題になる日本社会です。一方で、世界の飢餓人口は思うように減らないのだそうです。生産にお金がかかるので、貧乏な人々に食料が行き渡らないのです。日本の農山村には農業者がいなくなりつつあります。生産にはお金がかかるばかりなのに、農産物の極端な過剰により市場価格が下がり、経営が立ちいかないのです。国内の農業生産額や農業就業人口は減るばかりで、農業の社会的地位は史上最低かもしれません。加えて、自然の循環から外れた現代農業は、持続性に欠け、地球環境を破壊する原因にもなっているのだそうです。

いやはや、どうも、どこまでも問題が続き、答えに至らない。これでは気分がふさぐわけです。草のなかに植えたくらいで、見事に実った清々しい稲の姿を見ると良いのです。今までの全部が、アホらしくなるかもしれません。初めから、作物は、いえ生命は健康に育つようになっていたわけです。初めから、足りていたわけです。

たとえば、肥料が多過ぎたのか、春の作物にアブラムシが出ているとしましょう。

科学の知恵は、それを一方に悪と見て、農薬をつくり利用し、アブラムシを殺してしまう。そうして喜んだのも束の間、今度はアブラムシの耐性に悩み、さらには安全性や経済性や環境負荷の問題さえ招いてしまった。そればかりか、不健康な作物を人々に届ける弊害に、実のところ科学はまだ気がついていないのかもしれません。

一方、自然の知恵は、それも良しと見て、桜を愛で菜の花を楽しむばかり。そのうちアブラムシの、すなわち自然の浄化力が働き、田畑が健全となる。あとは、草のなかに種を播くだけで良い。つまり、自然の知恵は、特に何もせずして総べてを根本から解決してしまうのです。

現代文明は科学文明と言えるでしょう。国のリーダーたちは、二言目には「科学的エビデンスに基づいて……」とおっしゃる。しかし、実のところ科学は目の前にある現象やデータの善悪、正邪さえ必ずしも正確に位置づけられないのだと思うのです。自然や生命の営みが正確に見えていないからです。科学は、ネコジャラシの先に踊らされているネコと同じです。いくら踊っても届かない。ネコジャラシを動かしている本体が見えていないからです。

じつは、科学の知恵が真理に届かないのは当然なのだと思います。科学の知恵は考える知恵だからです。考えごとをしていると、美しい夕焼け空さえ目に入らないでしょう。だから、自然科学では自然や生命の実相がいつまでも見えない。同じように、社会科学や人文科学では、人の生き方や美しさや豊かさがいつまでも明らかにできないのだと思います。科学者が工夫を重ねる度に、想定外の問題が起きるわけです。科学は、史上最も人類に影響を及ぼした真理に届かぬ新興宗教である、と言えば言い過ぎでしょうか。

皆が称賛を寄せるノーベル賞の業績でさえ、自然の田畑で働く者からすれば、どの発明も自然や生命

春のビタミンナが虫害もなく成長。右は伸びたイタリアンライグラス

の営みに沿うものではないがゆえに、結局はさらなる混乱をもたらすだろうと思われるのです。おおかた無知な者として笑われるだけでしょうが、時が証明するだろうと私は思っています。いえ、過去を見れば、すでに明らかであるのかもしれません。

現代の科学文明は、一時大きな成功を収めたように思われましたが、結局さらに問題を複雑化、深刻化させ行き詰まっているのではないでしょうか。それは、現代の科学農業においても同様です。ここに科学の知恵の限界を感じるのです。

それでも、科学が無意味なのではありません。中心に自然の知恵が欠けているから、科学の知恵を方便として上手に使えないのだと思います。

たとえば、自然や生命の営みを弁え作物の健康に思い至れば、農業においても、カラスやミノムシのように、そのへんの材料を上手に使うくらいでりっぱに人の営みを支える楽しい農業技術が明らかになると思うのです。この時代に、何も知らない私でさえ、自然農をしてなんとか子育てができたのです。自然の知恵に科学の知恵（方便知と呼びましょうか）が備われば、人の願いはきっとかないます。

地球環境問題を考えても、自然循環と身近なバイオマス（生物資源）をいかに上手に活用するかは今世紀の農学上の最大の課題でしょう。自然の営みに沿う農業そして生活の実現はもはや避けられないでしょう。女子高生たちも備えている自然の知恵の働きを皆が働かせなくてはなりません。いわば、科学者や農業者である前に、ただの人でなくてはならないのです。

もちろん、科学の知恵くらい必要に応じて自由自在に使いこなせないようでは、自然人でも自然農でもないはずです。真、善、美を知り初めて上手に使える方便ですからね。

つまり、科学農と自然農は結局同じものとなるのです。どちらも人の営みであり、人の願いを実現する目的を持っているからです。遅ればせながら私も、買っても読まずに積ん読状態の農業雑誌など目を通し、自然農の腕を少しでも上げたいと思うのです。もう、迷いに落ちることもないでしょう。

21世紀から22世紀につながる文明があるとすれば、自然や生命を弁えたところから始まる自然文明となるでしょう。科学文明さえ飲み干し浄化してしまう大きな文明です。大きな自然文明を、小さな自然の田畑から始めたいと思うのです。

自然農と競争

農業に国際競争力をつけるのだそうです。80歳を超えた人が農業の中心にいる中山間地に暮らす私としては、とても現場のことを知っている人の言葉だとは思えませんがね。それはともかく、競争力をつけるというのは、輸入物に勝ってお金を多く稼ぐことでしょうか。いえ、最近は輸出シェアで勝つことかもしれません。それにしても、昨今、競争原理だの自由競争だのと競争ばやりの時勢です。いずれにしても、これらの競争は、相手をやっつけ出し抜くための競争であるようで気になるのです。

自然界にも競争らしきものはあります。食べて食べられての関係さえある。しかし、それを踏まえて、自然界、生命界の調和と繁栄があるのです。つまり、自然界では、争いさえ多くの生命を養うためにあるのです。

若い頃は、私らも競争をいたしました。たとえば、稲刈りをして、連れ合いが先を刈っている。よし、追いついてやろうと思う。男手の私のほうが少し早い。だんだんと追いつく。すると彼女もスピードを上げます。連れ合いも腕を上げているので結局追いつけず端に到着。少し楽しい競争となりました。

ところで、こんな、ちょっとした競争を通じてでも私らの技量はきっと養われたのだと思います。

競争の意義がわかります。競争を通じて、体力や技術、技量を養って皆の役に立つのが競争の本当の意義ですね。だから勝利者を讃えるのでしょう。勝つだけ、勝って他をやっつけるだけなら、讃える気にはなりません。

こう考えると、人間が競争心を備えているのは、ありがたいことだとわかります。競争心は陰にこもれば嫉妬心になったりするのですけれども、いずれも向上心のあらわれです。そんな心さえ上手に使って、自らを向上させれば良いわけです。それが、私が私を全うすること、私を生きることですね。もちろん、皆の向上は私のためにあり、私の向上は皆のためにあります。

ところが、今は不安が根本にあるからでしょう、皆が勝つことにとらわれて、あるいは嫉妬に狂い、言い換えればお金もうけやらにとらわれて、私を全うすることを忘れているからややこしくなる。競争により本当なら社会は、明るくなるはずですが、かえって格差が生まれ、皆の心に余裕がなくなり、どこかすさんできているようにさえ思うのは、私だけでしょうか。

私だけが良かったら良いと思うのは、私を生きることをおろそかにしているのです。私が本当に良かったら、必ず他も良くなるからです。生きるとは、本来そういうことだからです。

最近は農業分野でも知的所有権を強化するとかで、どうも私さえ良かったら良いという風潮です。知的所有権が大事だとしても、度を過ぎた保護は考えものです。

私の努力は私一人によると思っているのでしょうか。言うまでもなく、私は自然に生かされ、皆に生かされている。お米や野菜が育つのは、私の力じゃない、自然のおかげだ。ありがたいばかりじゃないか。このうえ、何を求めるのです。良い考えや工夫は、皆で分かち合えば良いでしょう。そのほうが、本当はずっと楽しいはずです。人本来の生き方つまり人の道に沿っているからです。そんなこともわからない、今の賢人たちですかね。

子どもが小さい頃、運動会に行って驚きましたね。今は、かけっこをしても順位をつけないのだという。ビリの子がかわいそうなのだそうです。いやはや、わかっていないのです。

そこには、どの生命も非生命も絶対に尊いという自信が感じられない。自然が見えていないのですね。皆違うから調和がとれる。自然界はそうなっているでしょう。テントウムシとチョウチョウのどちらが偉いかなんて考える人はいないのに、なぜかけっこを気にするのでしょう。一番の人はその人を全うすれば良い、ビリの人もその人を全うすれば良い。そこに何の変わりがありましょう、皆同じこと。しかし、一番は一番、ビリはビリ、勝利を讃えてその折盛り上がればそれで良し。それは、その時、それだけのこと。

競争を通じて、全力を尽くして、お互い力をつけて皆に喜んでもらうところに、競争の意義も楽しさもあるのです。

どんな生命も生きることそのものが他の生命のためにあるのです。あなたも、私も、皆も、どの生命も絶対に尊いのです。人生を大事にしないわけにはまいりません。そうわかれば、たとえば差別なんて自然になくなります。戦争や死刑も絶対に避けねばならぬとわかります。

昨今、仮にも人間を生産性云々で語る愚か者がいます。障害のある方々を殺して、自分のやったことを正しいとする若者もいました。寝たきりだろうと、障害があろうと、愚か者だろうと、どの生命も絶対に尊い。こう知るのは、もう理屈ではありません。夕焼け空や青空の美しさを知るのに理屈が要らないのと同じです。そうなんだからそうだ、ということです。自然を知る、とはそういうことです。真、善、美を見失った現代社会の病をここにも感じます。

皆がそれぞれを全うすれば、総べての問題はなくなります。私も、あなたも、皆も、きっと楽しくなります。もちろん、競争を楽しむなんて、お茶の子さいさいです。あ、国際競争力ですか。競争力を語る前に、農産物を多く輸入したり、輸出したりすることの愚かさを知らねばなりません。そもそも道に外れています。こんな不自然なことでは、結局誰も幸せになりません。

自然農と成長

農業を成長産業にするのだそうです。どんどん、お金を稼げる産業にするということでしょうか。ありがたいですね。しかし、不思議な気もします。

自然界にも成長はあります。たとえば、稲が稲になること。ダイコンがダイコンになること……を成長と言います。つまり、ちょうど良いところに落ち着くのが成長です。

ところで、経済成長にはちょうど良いところがあるのでしょうか。日本は世界第3位の経済大国だそうですが、もう十分かなと聞いたことがない。どうも、経済成長には終わりがないようです。終わりがないのは、本来成長ではありません、迷いと言うべきですが、どうでしょうね。とすると、安定成長だという日本は「ずっと迷いの続く日本です」と言うべきでしょうか。高成長に沸く中国なら「中国の迷いも急速に深まっています」と言うべきかもしれません。とすれば、資本主義も共産主義も、失礼ながら、人の迷いの産物ということでしょう。いやはや、こんなことで我々はずっと争ってきたのでしょうか。

お金は便利なものですが、さりとて多ければ多いほど良いというのではないらしい。現代の日本では、すでに豊かになり過ぎて心身を病んでいる例がたくさんあるように思われるのです。それでも、お金が足りないという。一方で、もうそろそろ右肩上がりの経済成長が望めなくなり、皆が不安になったのでしょう、力のある者が力のない者から富を集める現在の状況らしい。経済的格差が大きくなり、社会不安が高まっているという。現代の日本においても、かわいそうに、3度の食事さえまともにとれない子どもさんが大勢いるという。他方、ベルサイユ宮殿を借り切ってパーティーをする人もいるらしい……。

まあそれはともかく、各方面つまり人にも作物にも自然にも……ちょうど良いところを弁えるのが自然農です。つまり、自然農は自然の巡りそのままなのです。たとえば、ミノムシやカラスがそのへんのものを使って巣をつくるように、農業をするのです。それで、お米も野菜もずいぶんよく育つ。きっと、それで十分です。私のようなのがやっても、農業経営として成立するのですからね。

それを経験すると、そもそもお金がなくても我々は豊かに生きていけるだろうと思われる。いわんや、経済成長って何？というくらいです。そのうえ、今は便利なお金があるのですから、我々は助け合い譲り合い皆で楽しく生きていけそうなものですが、そうなっていない。自然を見失い、皆が不安になっているのでしょう。初めから足りているという自信がない。生き方に軸足を持てず、さまよっているのです。

結局、人として成長するとは、いつでも私にちょうど良いところを弁えられるということだと思います。自分を全うできるということです。それで各方面足りると知っているのが自然人です。何もしなくて、八方丸くおさまる。自然人は、カッカッカッと笑います。なんとも楽しくなるからです。足るを知って初めて、我々は豊かになるのです。

この先、経済成長の果てに豊かさはありません。大きな混乱があるだけです。少なくとも、大事な農業を迷いに落としては困りますね。

自然農と地球温暖化

私が農業を始めた頃、先輩農業者に会うと、「こんにちは」のあとは決まって「もうかるか」と聞かれるのでした。そして、「ナスが高い」とか「ブロッコリーが安い」なんて話が続くのです。

ずいぶん違和感を覚えたものです。普通、他人に収入のことなど聞きませんわね。まあ、それくらい農業で稼ぐのが難しいということでしょうか。農業者がお金のことばかり考えている。こんな農業に誰がした……なんて本当に思ったものです。

それでも、昔はまだ農民魂が残っていました。酒席などで先輩方の前に座らされて、「農地は預かり物だからおまえの好きにはできんぞ、大事にして次の代に渡さねばならん」なんて度々言って聞かされたものです。昔の農民は、農業は国のため、農地は公共財というような考えを当然のこととして持っていたのです。

それから30年。世代が変わって我々の世代が退職期を迎えています。私の世代の多くはもう考えが違います。農業をお金だけで考えている。まあ、お上からしてずっとそうだから仕方がないわね。農地も農機具もそろい、退職して時間ができても農業はいたしません。お金にならないから馬鹿馬鹿しいというわけです。

耕地整理をしてパイプ配管まで終わった一種農地でさえ耕作放棄地となり、太陽光発電も増えるばかりです。そして当人は暇をもてあまし、ふらふらしていると思ったら、病院通いが始まりすぐに死ぬ、なんてことになっているのです。

そんなわけで、60歳近い私が集落ではいつまでもいちばん若い農業者。80代、90代の先輩方がなんとか農業をやっている。もちろん先輩方も減るばかりで、ほとんど日本農業も終わりというところまで来ています。

おっと、思わず力が入り、枕が長くなりました。これからが本題。

気がつけば、先輩方とのあいさつが変わっているのです。

「こんにちは」のあとは、以前ならお金もうけの話ばかりだったのが、近頃は「台風はどうだった」とか「大雨でブロッコリーが消えた」とか「雨がなくて困る」なんて話になるのです。明らかに異常気象が日常化し、農業がやりづらくなっているのです。それが、毎日のあいさつにも反映されてきた。

とにかく、気温が一年を通じて高くなりました。たとえば、当地では夏にトマトやインゲンが実らなくなって久しいです。気温が高過ぎるのだそうです。稲のカメムシによる被害が増え、明らかにくず米が増える傾向です。台風被害とあいまって、お米も不作の年が増えているように思います。九州地方は温暖化の影響で不作が続いているそうですが、四国でも同様のことが起こりつつあるのでしょうか。冬も蚊がいて、蚊取り線香がほぼ一年じゅう手放せなくなっています。1月にレタスがとう立ちした年もありました。今年は、1月のうちから、ウメが咲き、赤カブのとう立ちが始まっています。いずれも昔はなかったことですが、いつの間にかこんな状態です。

雨の降り方も変です。1年を通じて、1か月くらいまともに雨がなくて困るなんてのは日常化しています。かと思えば、1~2日で1か月分の雨が降ったりする。一方で、極端な長雨や季節外れのドカ雪があったりします。気象庁は平年並みとか言いますが、昔とは明らかに違います。優しい雨が少なくなっているのです。

当地では、梅雨が実質的になくなって久しいです。気象庁の発表だけが残っています。その証拠に、今や梅雨時に早明浦《さめうら》ダムが空になっても誰も驚かないでしょう。またか、というくらいです。梅雨入り後、乾燥でサトイモが枯れそうになるのは、ほぼ毎年です。おかげで、夏野菜はいつも遅れます。台風も明らかに大型化し強力になっています。おまけに、5月から11月までいつでもやってきます。昔は、お盆過ぎの初秋が中心でしたがね。台風銀座の徳島県ですから深刻です。やっかいなことに、速度も遅くなりました。高知県沖で停滞なんてこともあります。そういえば、高知県沖で台風が発生し驚いたこともありました。海水温が高くなっているのでしょう。昔は半日くらいの風雨で終わっていたのが、最近は前後合わせて2日も3日も風雨が続くことさえあります。台風による農業被害は確実に増えているようです。

私が農業を始めた頃、地球環境問題についての講演会を聞いたことがありました。その折、講師の方が温暖化の影響として語ったことが、ことごとく現実になり始めています。

自然と向き合うと、誰しも恐怖すら感じる時代となりました。もはや、現代文明に赤信号がともっているのは疑いないようです。

気になるのは、農業者のあいさつさえ変わって久しいのに、政治はもちろんマスコミの反応も少ないことです。それどころか、人間活動による温暖化はないという政治家や研究者もいるそうですね。いやはや、おそらく、政治家や科学者に任せていたら人類が滅びても結論が出ないでしょう。小理屈、へ理屈にお金もうけの邪心まで加わるのですから、どうにもなりません。

肥料が過ぎたら病虫害が出る、働き過ぎたら体を壊す、食べ過ぎたらお腹を壊す……。自然界は貪るという不道徳を絶対に許しません。どこまでも多く生産し消費するという現代文明の迷い、不道徳、不自然が許されるわけがないのです。温暖化が仮になくても他の不都合がきっと起きています。そんな簡単なことをなぜ議論する必要があるのでしょう。

ところで大事なことがあります。今度は、化石燃料を使わずに経済成長を続けようと考える人がいます。きっと何をしても、そんなことは不可能です。不自然だからです。自然界は不自然を絶対に許しません。

我々は、近い将来温暖化の問題に正面から向き合うことになるでしょう。経済規模をずっと小さくする他に道はない。皆が貧乏タレになって、しかも心豊かに安心して生きていける社会システム、人の生き方を明らかにしなくてはいけない。しかも、急いで。

じつは、私には簡単なことのように思われるのです。自然農生活をしている私は、世間一般から言えば「かなりりっぱな貧乏タレ」でしょうが、毎日なかなか良い感じで生きているように思われる。しかも、自然農は環境問題を招かぬ農業のあり方です。なんのことはない、多くの人が自然農生活をして、自給を中心に置き、良い感じで生きるだけで地球環境問題なんて根本から解決しそうです。皆が自然人になって、足るを知り、豊かに生きるだけで、そう豊かに生きるだけで温暖化の問題はなくなるのです。何と馬鹿馬鹿しいほど簡単。そして、それ以外に解決方法はない。

いつの間にか、農山村はふたたびにぎやかになり、お金もうけのような不粋なことを語る人もいなくなるでしょう。無理をしなくても足りる、と皆が気がつくからです。

それにしても、今世紀最大のこの問題を人類は越えられるだろうか。じつは、最大の問題も小さな私一人の生き方の問題に過ぎないのですがね。

自然農と平和

私が自然農を始めて間もない頃、家族と香川県をドライブしたことがありました。その折、立ち寄った博物館で見つけたのが次の言葉です。

「弥生時代になり農耕が始まり豊かになると、貯蔵した農産物をめぐり、争いが始まりました。」

讃岐平野の歴史を展示した説明の一部でした。これが考古学、歴史学の通説なのでしょうか。皆さんはどう思われるでしょう。私は不思議に思い、ずっと考えているのです。「豊かになると……争いが始まる」が、どうにも納得できないのです。人は豊かになると争う、つまり戦争をして殺し合うのでしょうか、どうでしょうね。

今の文明は農耕文明に始まるのだそうですが、やがて工業文明となり、今や金融資本文明あるいは、ＡＩ、ＩＴ文明とか言うべきかもしれませんね。我々はずいぶん豊かになったはずですが、どうも争いが世界から消える気配はないようです。なぜでしょう。

自然の田畑で働いていると、当然だとも思われるのです。耕し始めた当時、一時は良かったのでしょうが、すぐに駄目になったのではないかと思います。自然の巡りが寸断され土地がやせたからです。耕すのをやめれば良かったのに、自然を見失った人類は、肥料を用意する不自然を選びました。新たな苦労を背負い込んだわけです。不足と苦労から争いが始まりました。

人類の勝利とされている産業革命や緑の革命も、さらに道から外れてしまう工夫でした。機械化した工業や工業化した農業は、生み出すよりはるかに多くの資源を使うのです。がんばればがんばるほど、結局足りなくなる。人は人を見失うまで働いた結果、もう地球一個じゃ足りなくなり、争いを続けています。二つの大戦などだけではありません。経済競争だって争いです。

一時は良いように思えた近代化も、結局各方面行き詰まりを見せています。それなのに、我々はさらなる不自然な工夫に賛辞を送り、希望を託そうとしています。これでは、どこまでも人が満たされることはなく、争いがやむこともないでしょう。きっと、混乱のうちに、人類の種としての寿命を縮めることになるはずです。

自然の田畑で働いてみると良いのです。他の生命を大事にして、ノラノラ働くだけで、稲や野菜があり余るほど育ちます。もちろんお金なんて不要です。初めから足りていた!!　初めから足りているのに、なぜ私たちは争う必要があるでしょう。誰もが優しい心になって、天上界から人々の愚かさをながめているような気持ちになるでしょう。もちろん優しい心から争いは生まれません。

今自然農をすることは、争いのなかった古《いにしえ》の心を取り戻すことだろうか。

それにしても、日本の国益は世界の皆の国益だとなぜ気がつかないのでしょう。世界の皆が同じ目的を持っている仲間だから、対立するより協力するほうがずっとうまくいくのは誰でもわかりそうなものですがね。

自然農と人生

人は感情の動物だとか申しますが、人の心持ちほどいいかげんなものはありません。

朝気持ち良く聞いた音楽が、夕方疲れて聞くと煩わしくなったりする。雨の音を聞いても、うれしくなる時も、うっとうしい時もある。心持ちなんてのは、その時の体調や心の置きどころでくるくる変わるようです。

そんないいかげんな人の心持ちですけれども、うっかりこり固めると取り返しのつかない大きな失敗をしたりするのは、毎日の新聞を見ていてもわかります。

誰でも日々生きていると、楽しくなったり悲しくなったり、時には不安になったり空しくなったり、あるいはイライラしてむかついたり……なんぞということがあります。しかし、そんなふわふわした心持ちくらいで右往左往するようでは、良い仕事、良い毎日となりませんな。楽しいこ

稲刈り（通りがかりのアマチュアカメラマンによる撮影）

とは味わっても、不安になったりイライラしたりするのは、ニコッと笑ってさらりとかわし、常の自分でいられるようなら上々です。

欲を捨てるという方がいますが、本当に捨てたら生きていけないでしょう。生きるとは、いわば自らの欲を全うすることだからです。

自然農をするにしても、お米や野菜を収穫しよう、経営を成功させようという欲がなければ始まりません。かといって、欲にこり固まって体を壊したり心がひねてしまったら何をしているのだかわかりません。必要なら、さっと欲を捨てて、気分転換を図ることは大事ですわね。

良い農業、良い毎日とするためには、欲も含めて自分の心を自由自在に操れることが大事になるのです。それが上手にできれば、りっぱな自然人です。じつは、常に自然を味わうのも、同じ能力によるのです。

ある時、畑仕事をしていると突然、「沖津さんは農業をしていて楽しいですか」と聞かれました。突然で驚きましたが、どうも深い思いがあるようなので話を聞いていると、その方は「人生がつまらないので死んでも良い」とおっしゃる。いやはや、困りました。

その折、思いがけず私のなかから出てきた答えは、「人生が楽しい人は何をしても楽しく、人生が空しい人は何をしても空しい」でした。

人生が楽しくなるかどうかは、結局人としての力量によるのだと思います。しかし、年を取ったら自然に人として向上するのではないようです。その方が何を求めてきたかで大きく変わるのでしょう。たとえば、求めているものの程度により出会いが変わります。人との出会い、言葉との出会い、本との出会い……多くの出会いのなかで人は養われます。

とにかく、自らの人生を全うすることを曖昧にしてはいけないと思います。自らが納得できる日々を送ることを曖昧にしてはいけないのです。自らの心を曖昧にしてはいけないのです。それを曖昧にしなければ、すばらしい出会いに恵まれ、すばらしい知恵が働き、すばらしい人生になること請け合いです。

生きるのはこんなものだと思うようでは、足りません。何ともすばらしいと思って本当だと思います。生死なんて忘れていて本当です。

ところが、そんな大事なことを曖昧にしている方が存外多いようです。自分の人生を全うするよりも他のことを大事にしているのでしょうか。かけがえのない人生ですのに残念なことだと思います。これでは、いかに成功したように見えても、どこか空しい人生となるでしょう。そんな例が普通であるようにさえ思われる現代です。満たされぬ心は、やがて病み、すさみます。

「どこまでも落ちることのできる人であり、どこまでも高みに上がることのできる人である」は川口さんに教えていただいた言葉です。一度しかない人生ですから、志を高く持ち、楽しく満たされた日々にしたいものだと思いますね。もちろん、私の課題でもあります。

それにしても、日々田畑にはいつくばり、いわば地上の最底辺で重労働を重ねに重ね、しかも、自然の内に自然を味わい、何とも自由自在。種を播き、草を刈る、気がつけば、この地すなわち宇宙の頂。何がどうでもへのカッパ。この楽しさを誰が知る。天地に清風渡り、呵々大笑。

元来、働く喜び、生きる喜び、は理屈の外であります。

ところで、かの方は今も元気にしています。会うといつも機嫌良くあいさつをしてくれます。あの折は、一時の気の迷いだったのでしょう。

第6章

NATURAL FARMING

自然農の楽しみ、日々の楽しみ

収穫期のサントウサイ

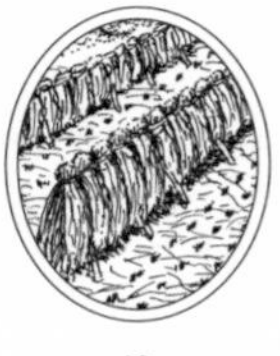

農業をする楽しみ

農業をするのは、評判ほど悪くないと思います。

たとえば、連れ合いと毎日一緒に仕事しているのが良いと思う。彼女は、家事の比重が多いので、急がない軽労働を中心にやる。私は、急ぎの仕事や力の要る重労働を中心にやる。というわけで、全く同じ仕事をするわけではないですが、朝食の時に今日の打ち合わせをしているとチーム沖津みたいで良いです。

田畑に出て行くのも自由で、休む時間も働く時間も自由というのが何とも良いです。朝寝、昼寝など日常のこと。好きなように仕事をする。そういうのが私に向いているのか、仕事もはかどるようです。いつも早寝をして、よく寝られるのが良いです。肉体労働をしているせいか、良い疲れがあって、夏でも10時、冬なら8時には寝てしまう。「8時に寝るなんて、どこの良い子だよ」なんて子どもに言われていましたね。

自然農を始めて何が良かったかって、子どもらに、生まれてからずっと、健康なお米や野菜を食べさせることができたことです。おかげで、彼らは味に敏感になりました。一口食べただけで「これ買ってきたニンジンだね、タマネギだね」なんて言うのです。こうでなくちゃ。

そして、それ以上に良かったと思えるのは、家族そろって毎日食事ができたことです。都会であのままサラリーマンをしていたら、きっとあんなふうではなかったでしょう。家族はすれ違いだったと思います。

子どもらが小学生から中学生くらいの時です。学校で夕食にかける時間はどれくらいかという話になったらしい。我が家の子は、2時間と答えました。皆、驚いたそうです。

沖津さん家《ち》は、家族5人で毎日宴会をしていたわけです。もちろん、スマホもテレビも見ていません。自然に話がはずむのです。

庭にいる半野良のネコのことやら、スギの木に巣をつくっているカラスのことやら、竹やぶに暮らす野良イヌ一家のことやら、田畑であったこと、学校であったこと、たまには政治や社会のことなどなど、たわいのない話を延々として盛り上がっている。

長男は、うちの夕食は疲れるといつも言っていました。なぜだと思いますか。皆して、毎日笑い転げていたからです。今でも、あの頃はすごかったと楽しく思い出されます。私が楽しかったと思えるのですから、子どもらはもっと楽しかったでしょう。

高校生くらいになると皆忙しくなって、親に付き合っていつまでも馬鹿話をしなくなりましたがね。それでも、我が家の子どもらには、どうも難しい時期というのがなかったように思われるのです。もちろん、子どもは成長の過程で生意気にはなるのだけれど、親のほうも心に余裕ができるのか、かわいらしいと思うくらいで終わりましたね。

親に似て皆凡作みたいだけれど、凡作なりにどの子も優しい思いやりのある人に育ってくれたように思います。人としていちばん大事なことを身につけてくれました。子どもなんて、自然に育つのですね。

今、そう思えることが、農業を始めていちばん良かったことだと思います。

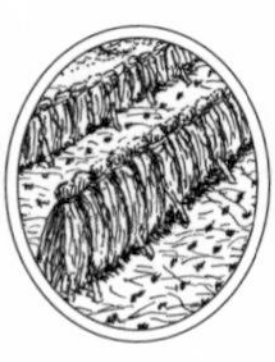

身土不二

自然農を始めて、人の体と季節の移ろいはつくづく不可分だと感じるようになりました。人の体にも季節の移ろいがあるのです。人も、自然や風土に他ならないということですね。

さて、身土不二《しんどふじ》という言葉がありますね。一般には身近なところで育った旬のものを食べて暮らすのがよいという意味で使われているようですが、その根本には人もまたその地の自然や風土そのものだという気づきがあるのではないでしょうか。だから身土不二なのでしょう。

春にも、葉ダイコンなどの葉物や小カブができます。冬のように甘くないさっぱりとした味ですけれど、浅漬けなどおいしいものです。春のぼんやりとした体を、しゃきっとしてくれるようにも感じます。

しかし、梅雨時となりむし暑くなると、アブラナ科の野菜が少し暑苦しいと感じるようになります。

すると、梅雨明けと同時に、葉物などが終わり、キュウリがどっさりなり始めます。それに遅れてナスなども……。キュウリやナスなどの夏の野菜は、体を冷やす性質があるからでしょう、夏の体にとてもおいしいのです。

そして、10月になり気温が下がってくると、夏にはあんなにおいしかったキュウリをいただくのが少し寒く感じるようになります。その頃にはもう間引き菜が出始める。

さらに冬になると、葉物や根菜が盛りになります。寒さが厳しくなると、葉物や根菜に甘味がのり、体の滋養となるのがわかります。やがて葉物に寒害が出て、さらに体を暖める性の強い根菜が中心とな

収穫期のブロッコリー、三池タカナなど

ダイコンの開花

ります。ダイコンやニンジン、ゴボウなどを煮てお酒も少しいただきます。自然も人も休む季節です。

やがて春が近づき、葉物や根菜が新しい葉を伸ばす頃、葉物の多くがほのかな苦味を備えてきます。とう立ちの準備に入っているのです。春の体には苦味が良いのだとか。

春の味、ナバナ、フキノトウ、木の芽、フキ、ミツバ、タケノコ、セリ、チシャなどなど、冬に休んだ体を目覚めさせるようなほのかな苦味や香りを楽しめます。

じつにすばらしい一年の恵みです。栄養士さんのお世話にならなくても、ただ旬のものをいただけば良いことが、自らの体を通して感じられます。

今時、一般の方はもちろん農業関係者や料理人でさえ、このことを体で感じている方は少ないのではないかと思うのですが、どうでしょうね。

とは言うものの、私も都会でサラリーマンをしている時は何も感じなかったのです。冷暖房の利いたオフィスで夜遅くまで忙しく働いて、日替わり定食をあわただしくかき込むだけ。食べ物なんて、お腹が満たされれば何を食べても同じくらいに思っていました。それが農水省の技官様ですから、全くトホホですよね。

日本列島で暮らす我々には、日本列島の第一次産業、農業が絶対に大事だとわかります。多くの農産物を輸出入することの愚かさにも気がつきます。ハウスで季節外れの農産物を育てることや、過度の冷暖房も避けるべきであることにも思い至ります。

何？　身土不二なんて科学的じゃないと……。あなたは、科学的な説明がなければ暑い寒いもわからないのですか。身土不二は、暑い寒いと同じほど自然なことです。もし科学的でないとすれば、科学が遅れているのです。

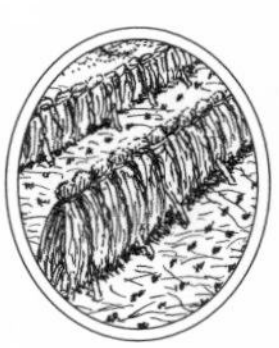

農業をする誇り

多くの農業関係者が、これほど農業に自信を失った時代はかつてなかったでしょう。お上から、我々現場の多くの農業者に至るまで同様の自信喪失、農業にたいする誇りはどこにいったのかと思うくらいです。

農業生産額はＧＤＰ（国内総生産）のわずか１％以下、就農人口もわずかで、日本経済を考えれば農業など取るに足らぬなくて良し、なんて議論は昔からあります。それに対する反論も昔から決まっていて、農業の多面的機能と安全保障上の備えを語ること。

ところが農業関係者なら誰でも、今の農業が大地や水を汚し、温室効果ガスを大量に排出し、生物多様性を損なう元凶であると知っています。加えて、燃料や肥料や飼料を海外に依存して安全保障上の意味も乏しく、しかも非持続的で金にもならんとくれば、自然に声も小さくなりますわね。

全く何をやっているのでしょう。食は人の心身を養うのです。医療や福祉で国家財政さえ傾きかけている今、食をないがしろにする余裕などないでしょう。

しかし、今の農業、農業技術ではだめですね。話題の施設で水耕栽培。養液栽培なんてのも論外でしょう。どうしても、自然の営みに沿う持続的農業でなくてはならない。健康な作物を育てる農業でなくてはならない。

それがわからないから、農学者はどうも外れた研究ばかりしているようです。迷いのなかで、もはや農学や農業に自信が持てなくなったのでしょうか。いつの間にか、多くの大学の学部、学科から農学の名称が消えてしまった。生命なんやら学部やら生物なんとか学科やらと、わけのわからないのになっている。自らが進めてきた農学や農業に誇りはないのかと問いたいくらいです。

現在、日本農業にかかわる根本法規が「食料・農業・農村基本法」といいます。

なぜ、農業が2番目なのですか。日本農業があってこその、日本の食であり、日本列島で暮らす人の健康であるという自信が感じられない。

と話をすると、「現在の食料自給率は三十数%で、日本農業を考えるだけでは、食料の安定供給は望めない。食料政策を別に考えるのは当然ではないですか」と質問をいただきました。

なるほど、現在の基本法を論じた識者先生もきっとそう考えたのでしょう。私はそれにしても浅慮だと思う。食料自給率が30%だろうと3%だろうと、日本の農業が大事であることはピクとも動きません。身土不二は真理だからです。食料自給率がカロリーベース（食料の総カロリーのうち、純粋に国内で生産・供給されたカロリーの比率）で37%（2018年度）になっているような食生活のあり方、社会のあり方、農業政策のあり方などが問題であって、身土不二に問題はない。

それでは、日本の第一次産業だけで、列島の恵みだけで食べていけるのか？　食べていけます。いえ、工夫して食べていかなければ、この先はないでしょう。

と申しますと、いくらなんでも理論的に飛躍しているのではないか、と思う方もいるでしょうね。まあ、そのとおりです。しかし、そもそも自然農も理論から始まったのではないのです。むしろ、自然農は理論を忘れたところから始まっているように思う。同じように、日本列島に暮らす人は列島の恩恵で食べられるということも、身土不二ということも、日本農業、いえ日本の第一次産業が大事だということも、理屈ではないのです。自然を味わううちに「ああ、そうなんだ」と気がつくことなのです。だから、天地が、神がそう言っている、なんていうことになる。気がつけば、「日は東から昇る」というほどの当然のことだと思われるでしょう。

日本列島に暮らす人には日本列島の農業がどうしても要る、大事だ。そうなんだから、仕方がない。だから、当然、食料政策を考えるにしても、「農業・農村・食料基本法」でなくてはならないのです。これは、もう理論、議論の外です。夕焼け空の美しさを味わうのに理論が必要ないのと同じです。

自然と向きあえば、誰でもわかるこんなことさえ、農業の専門家や識者と言われる多くの先生方は本当には気がついていないのでしょう。きっと、難しいことを考えるばかりだからです。大事なことに気がつけない。だから、施策を間違う。結局、迷いのうちに農業や農業振興に自信や誇りが持てなくなってしまった、のだろうと思う。

それにしても、これでどうやって我々農業者や農業を学ぶ若者が農業に誇りを持つことができるでしょうか。

ええい、もうそんなわからない人は放っておけ。気がついた人から、自然農を始めたら良いのです。自ずと農業に誇りができて、楽しくなること請け合いです。自らの人生と仕事に誇りを持つことは、人にとり最も大事なことですからね。

味について

私が初めて、栽培物のミツバを意識して食べたのは、連れ合いと一緒になってしばらくしてからでした。珍しく勤めから早く帰ってきて、膳につくとお吸い物が出ている。緑の菜が浮いている。いただきましたが、何の味も香りもない。何だと聞けば、スーパーで買ったミツバだという。驚きましたね。

私の母はミツバが好きで、春になると裏庭に自然に生えたミツバを摘んでお吸い物によく入れてくれました。何とも言えない良い香りがする。春の人の体に合うのでしょうね。栽培物と自然のものは、まるっきり違うものだと知りました。

そう言えば、知り合いがタラの芽をハウスで栽培しているのを見せてもらったことがあります。タラの木を15㎝くらいに切ってトレーに並べて水栽培していました。驚くほどたくさんの芽が出ている。いただいて食べましたが、全く味がない。春、畑の片隅で取るタラの芽とは別物でした。

自然農を始めてからのことです。春は畑の野菜が比較的少のうございます。そこで、タケノコ、フキ、セリ、ミツバ、タラの芽など自然に生える山菜、野草の類を野菜セットに加えることがあります。だいたい皆さん喜んでくださいます。しかし、ある日あるお客さんから電話をいただきました。

「沖津さんのミツバは、香りが強くて食べられない」

なるほど、人の好みは、体調や体質、食習慣などにより異なるのです。

私らが農業を始めた当時、夫婦して体重が今よりずっと少のうございました。若かったし、新しいことを始める苦労もあったのでしょうね。その頃、私らは白芽（サトイモの品種名）の親イモが食べられたのです。えぐみがあるので普通は食用としませんが、私らはえぐみを感じずおいしく食べられました。当時の体に合っていたのでしょうね。

ところが、年を重ねて二人して体重を増やすと、いつの間にか人並みにえぐみを感じるようになり食べられなくなってしまった。そのうち、一般に食用とする八つ頭（サトイモの品種名）の茎さええぐみを感じるようになってしまいました。

東洋医学流に言えば、少しの虚から少しの実に体質が変わったので、性質の強いものが食べられなくなったということでしょう。人の好みはこのように変わるのです。結局、口に合うものを食べれば良いのですね。

ところで、自然なもの健康なものは、今時の一般のものに比べれば、総じて味が濃く香りが強くなる傾向です。多くの人は、それをおいしい、味が良いと感じます。しかし、人により、ものにより、そう感じられないことがあるのです。それが、好み、で仕方がないのです。

我々農業者は、そんなことも知ったうえで、健康なものを育てて皆に提案したいものです。各方面いちばん良いからです。

ところで、今は多くの人が味に鈍感なようで気になります。一般の人はもちろん、農業関係者や料理人でさえ、健康なものの姿や味はもちろん、旬でさえわからなくなっているようです。食や農業の混乱ですね。

本来食については、皆が玄人であって当然です。10年生きれば経験10年のベテラン。50年も生きればもう大家のはずですがね。ところが、見てわからず、食ってわからずだから、たとえば有機農産物の認証基準だのＧＡＰだのとあてにもならぬ決まりが必要になるのでしょう。御苦労なことです。

食育なんて言いますが、今本当に食育が必要なのは、我々農業関係者かもしれません。私も修業中ですがね。それにしても、困った時代となったものです。

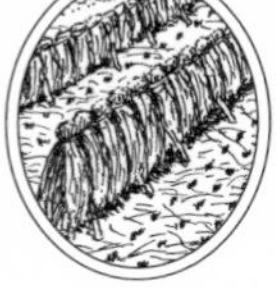

自然農と機械

私が地元の農業委員をしていた頃ですから、だいぶ前のことです。知り合いの老農がいらして土地を借りたいとおっしゃる。

今時珍しいと思って話を聞くと、稲作用の機械を600万円で更新したら、お勤めの息子さんに怒られたらしい。

「おやじアホか、600万円あったら食べ量（自家用）の米が100年分買える、わしは米やつくらんぞ」と言われたという。

そこで、少しでも元が取れるように田を借りたいというのです。今時ありがたい話で、少しお世話ができましたがね。

ところで、彼が使っている機械は小さなかわいらしいというほどのものですが、それでもそんなにするのかと思ったものです。

いつだか、農協に行くとトラクターのポスターが張ってある。機能を抑えた低価格トラクターだという。70馬力キャビンつき。従来約800万円だったのが、700万円余りになったと誇らしげに書いてある。どちらにしても高額です。はたして、農業をして割りが合うのかとしばし考えてしまいます。しかし、当地でもことに広く手がけている方はこれくらいのトラクターを使っていると聞きます。

国は今でも規模拡大を進めているようですが、稲作を広くすれば、機械代金だけでおそらく数千万円あるいは場合によってはそれ以上の投資が必要になるでしょう。かの息子さんではないですが、稲作をやめて生活費に当てたほうがよほど楽ができるだろうにと思わないでもないですね。規模を大きくすれば、運転資金も大きくなるので、優れた経営感覚がなければ倒産してしまうのは、畜産などの世界ではすでに証明済みですからね。

自然農をしている方は、できるだけ機械に頼らない農業をしようと工夫しているようです。たとえば、プロの方でも刈り払い機を使わないで大鎌で草を刈る工夫をしている方を知っています。慣れたら、思いのほか作業がはかどると聞きました。自然農の根本に、多くのエネルギーを使わなくても我々はきっと豊かに生きていけるはずだという気づきがあるのです。

ところで今の時代、人力はかえって最先端のあり方かもしれません。次いで畜力でしょうか。いずれもゼロエミッション。今や消費者に最も評価される未来のエネルギーかもしれませんね。

それだからではありませんが、私も師匠の川口さんの真似をして、田植えや稲刈りは手作業でやっています。二十数年やってきて、私らにとっては当然のことになっています。しかし、この話を見学の方にすると、多くの方がとてもできないとおっしゃる。わずか2反の面積ですがね。もちろん実際やってみると、さほどのことはないです。いったん機械を使うと離れられなくなるということでしょう。さらに深刻なのは、技術や技量が失われていることです。私らの世代で、稲架や稲束を上手にできる人は少ないでしょうからね。

ことに技量は、いったん失われると、取り戻すのに時間がかかるからやっかいです。私らが若い頃、近所のおじさんに稲刈りを手伝ってもらったことがあります。彼の稲刈りとわら束をつくる早さに驚きました。前に回って、彼の手さばきをまねようとしても、とてもできない。考えてみれば、彼の若いときには、7反でも1町でも2町でも手刈り稲架がけは当然のこと。その苦労のなかで養われた技量でしょう。おかげで、私らだけでは2日かかる1反の稲刈りを、彼が加わるだけで、1日でしかも4時頃に終わらせることができました。私もあの頃より少し上達したでしょうが、まだとても彼には及ばない。苦労が違うのでしょう。その彼も亡くなって久しいです。

自然農では、できるだけ機械に頼らず、手作業で回るだけの規模、作付けとしたいものです。きっと、それで十分だからです。経営としても最も安定します。失われた技術や技量も少しずつ取り戻したいものですね。

ところが、私は軽トラックを持っている。小さな草刈り機もハーベスターも使っている。いったん使い始めると、なかなか離れられない。技術や技量もない。まあ、時代の習いとして許しているのですが、まだまだ工夫が足りないわけです。

ところで、かの息子さん。最近では、少し体の弱ったお父さんを助けて、しばしば田畑で働いているのを見かけます。良かったと思います。

施設化

就農してしばらくした頃、30代の私は農協青年部に入れてもらおうかと思いました。もちろん組合員ですし、農業仲間に加えてもらうのも良いかなと思ったのです。

そこで、ある酒席で近所の先輩に申し出たのです。すると、彼の返事はこうでした。

「施設もしない遊びのようなのを入れるわけにはいかない」

人間のできていない私は、絶対に入るものかと思いましたね。もっとも、じつはそんな私だから入れてくれなかったのだろうと今は思いますがね。

それはともかく、20世紀の終わり近く、すでに農業は全く厳しい状況でした。そんなわけで、つまり露地でだめなら次は施設だというわけで、施設園芸が国策ともなり進められたのです。

私が就農したのは、当地でも補助金を利用して、あちこちにりっぱなハウス施設が整備された直後のことでした。皆さん、施設園芸に期待を寄せていたのでしょう。

しばらくは、ハウスで季節外れのナスやパセリなど盛んにつくられていました。しかし、やがて加温用の燃料が高くなるやら、農産物の価格が下がるやらで、思ったほどおもしろくなくなったのでしょう。そこに高齢化と後継者不足が重なり、施設経営も次々と廃業しました。今では放置されたハウスが目立ちます。

遊びと言われた当農園の経営はなんとか続いていますが、あの先輩のハウスも廃業なさって久しいようです。自然から外れた事業は、結局行き詰まるのかもしれません。

ところで、施設化も進んで今は水耕栽培、養液栽培の植物工場となっています。なかには、人工光型植物工場なんてお天道様を利用しない罰当たりなものまであるらしい。

水栽培の技術が進み、作物を大地から離すことができて、著しい集約管理ができるようになったわけです。さすがに、植物工場はその生産性も高いそうで、レタスなら単位面積当たりの生産量が露地の1

00倍だとか。また、10a当たりトマトやキュウリが数十t収穫できたなどと誇らしげに書いてあるのを見かけます。

読んでいるうちに、私など気分が悪くなります。そもそも人の胃袋は一つなのに、莫大なお金とエネルギーをかけて、そんなに多く収穫することのこっけいを思う人はいないのでしょうか。

畜産では早くから集約化が進み、アニマルファクトリー（動物工場）と言われました。家畜は大地から離しやすかったのです。集約化を進めて、つまり多くのお金とエネルギーを使って生産性を上げた後は、お決まりのコース。

すぐに過剰、価格が暴落、生産調整、投資が回収できず廃業、倒産、夜逃げ、自殺……。あげくは、農協までつぶれました。無理をするから病気も多発。アニマルファクトリーと言っていたのが、いつの間にやらアニマルウェルフェアに配慮したグローバルGAPだそうです。これは、畜産の世界ですでに経験したこと。

地に足のついていない技術は、結局だめになるようです。プラントファクトリー（植物工場）もやがてプラントウェルフェアと言うようになるのでしょうか。

結局のところ、施設、資材メーカーが小金を稼いだあとは、農場の廃業、倒産が相次ぎ、負債とごみの山が残り、生産基盤はいっそう脆弱となり、農業の多面的機能は失われ、農業関係者の苦悩が深まること必至です。どうも、最近の業界紙を見ていると、現実のことになりつつあるようです。

こんなことに、経産、農水両省合わせてすでに数百億円もの補助金を支出しているとか。いやはや、なんと愚かな。失礼ながら、農業指導者の皆さんは、学習能力がないのか、無責任なのかなどと考えてしまいます。

植物工場のサラダナは味が悪くて、露地物に負けるのだとか。それでは、漢方薬をつくれという馬鹿者がいるらしい。何を考えているのやら。体の弱い病人さんに不健康な水ぶくれ薬用植物とはなにごとでしょう。

何もわかっていない、何も見えていない、のだとわかります。

ことによると、農山村がなくなった後、土地が少ない都市で植物工場をやろうと考えているのでしょうか。どっこい、先になくなるのは都市です。農山村は、きっと最後まで残ります。地に足がついているのは農山村ですからね。

そんな話をしていたら、「君は農業の近代化を否定して、原始時代に帰れというのか」と言う方がいました。

それはないでしょう。

私は、この21世紀において、自然農をして生活をし、子育てもしました。しかも、わりに楽しくやってこられたように思います。特に、原始時代に帰っておりません。しかし、自然農を通じて、物の見方、考え方は大きく変わりました。

農業指導者の皆さんが、どうもまるでさっぱりだから、田畑に立つ我々農業者がしっかりしなければなりません。しっかり地に足をつけて農業をするのです。足の下に大地をいつも味わえるようなら、あなたはもう自然の営みに沿っています。

自然を見失い、外れた工夫では、結局誰も幸せになりません。

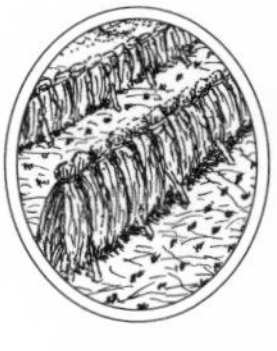

自給

近く、大量生産、大量消費、消費は美徳というような不道徳な時代は終わるでしょう。きっと、エネルギー消費を抑えた持続的な社会にするしかない。つまり、ふたたび地域資源を上手に利用し自給や地域内自給に重きを置いた、地方分散型社会になるだろうということです。皆が、もったいないの精神で物を大事にする、つつましくちょうどよい生活をするようになる。いや、せざるをえないでしょう。

ところで、農業はそもそも自給が中心であると昔から言われています。それでこそ、農業の持続性が保たれるからですね。私も、どうせ農業をするのなら、自給に力を入れたいものだと思ったものです。就農前には、関係書籍を買い集めたりしました。

しかしながら、実際に農業を始めると、それどころではない。農業をするので精いっぱい。つまり、お金もうけで精いっぱい。時代の習いとはいえ、いささかだらしがないのです。

もちろん、家庭菜園の延長のような農業をしていますから、お米や野菜、果実などはほぼ自給しています。加えて、毎年連れ合いが、みそ、ウメ干し、たくあんなどいろいろな農産加工品をつくります。

そのへんは、今時の一般農家よりは少しがんばっているかもしれません。しかし、その他となるとまるでさっぱり。

たとえば、今私が愛用している防寒着。1900円で近所の大手作業服チェーンで買いました。安くてもわりに軽くて暖かい。もう2～3年使っていますが、今のところ好調です。これを自給するとなると、ワタを育てるのか、クワを育てるのか……なんて考えるだけで経験も技術もない私は、とりあえず買ってしまえとなる。各方面そんなで来ているわけです。ある意味、現代文明は麻薬のようです。こんなで先があるだろうかと思いつつ、時代の習いとしてとりあえず納得しています。

しかし、少し前の農家は違っていました。たとえば、私の祖母は、隣村の生まれでしたが、嫁入りに持ってきた着物は全部自分でつくったと言っていました。つくるといっても、クワを育て摘むところからですから、経験のない私には想像すらできません。もちろん、当時は皆がそうしていたと聞きました。その他にも、先輩農家の技や昔話に感心したことは度々あります。そんな時、決まって私はいささかの劣等感と大きな危機感を覚えるのです。

私ら後進が、先人の技を全く受け継いでいないからです。きっと、農山村で当然のこととして長い間受け継がれてきた生活の知恵や技が急速に失われたのだと思います。それが20世紀後半から現在です。

自然農をしている仲間のなかには、それらを取り戻すべく工夫を重ねている方が少なからずいます。たとえば、農産加工などに力を入れている方は多いです。なかには、日本人の食を長く支えてきましたが今は失われようとしている雑穀文化を引き継ごうとしている方もいます。自分で家を建てた方は何人も知っています。私の尊敬する友人のごときは、電気やガスを使わず子育てを終えました。つまり、エネルギーを自給したわけです。昔の農山村では当然のことであったにしても、たいしたものだと思います。わら細工や竹細工、木工などに取り組む方もいます。炭焼きを仕事とした方もいます。

皆さん、便利な都会生活に見切りをつけ、自らの生活のあり方を根本から見直し始めているのです。自然農に取り組む傍ら、少し前の農山村では当然であった知恵や技を取り戻そうとしているのです。その志を思う時、私は涙が出そうになります。人類も捨てたものではありません。及ばずながら、私も続きます。

なにしろ、ガンジーみたいに、いつも糸車を回しているようなのは、今や最もカッコイイ生き方でしょうからね。

労働

私は、就農以来、我ながらよく働いてきたと思います。連れ合いともども元気でいられるのは、労働のおかげかもしれません。

ところで、私のところは農休日を特に定めていません。休みたい時に休みます。しかし、正月の3日間は、世間並みに一応田畑に出ないことにしています。出荷作業も、毎年12月31日から1月3日まではお休みにさせていただいています。一年のうちで、決まった休みはその期間だけです。

ところが、そのわずか3日間、私は決まってがまんができなくなるのです。3日目くらいには、そっと目立たぬよう畑に出て行って、草取りやらを始めるのです。すると、それはどうも私だけではないようで、近所のおばさんも畑に出てきていたりする。顔を合わせると、「食べてばかりいられないねえ」なんて言って、笑い合うことになるのです。

こんな経験をすると、どうも労働というのは食べたり寝たりするのと同じく人間生活に欠かせぬことであるように思われるのです。いわば、生理現象ですね。

ところで、その大事な労働をAIだかITだかに任せる動きがあるようです。農業でもスマート農業とか称し、トラクターを無人で走らせたり、ドローンに作物を観察させたりするのだとか。経験のない人でも、今より広い面積を管理でき、収穫量が上がるのだそうです。もっとも、導入にお金がかかるのが問題だという。

そもそも、なぜ一人でそんなに広い面積を管理する必要があるのかは置くとしても、何か違うんじゃないかと私は思うのですがね。

話は全く変わりますが、私は今までに全国各地で多くの自然農の田畑を見る機会がありました。自然農の勉強会が各地で開かれたからです。その経験のなかで、私はおもしろいことに気がつきました。どうも、田畑の姿はやっている人の姿だということです。

優しい人は優しい姿に、元気な人は元気な姿に、美しい人は美しい姿に、経験が浅く自然農がよくわかっていない人は迷いの姿に……田畑がなるのです。

気がついたでしょう。農業をするということは、お米や野菜を育てるだけではなく、人間を育てることなのです。良い農業は、良い人間によるからです。まず人は、お米や野菜を育てたりお金を稼ぐために生きているのではない、良い人になるために生きている。人生を全うするとはそういうことでしょう。

人間にとって最も大事な生きることを、機械に任せるというのですから、どうでしょうね。

ドローンに作物を観察させるのだそうです。健康な作物が見えていない人がつくるプログラムで何を観察するのでしょう。まあ、それは置きます。

見られる、感じられる、味わえるということは、きっと人生において最も大事なことだと思うのです。場の空気を読むのが大事だというでしょう。場の空気を読んで、場に応じて働かなければ、まあ多くは失敗します。

たとえば、初めから自分の思いを運ぶようでは、場の空気を読むことができませんわね。まず無心で、その場を味わわないと空気は読めないでしょう。空気を読んでその場にふさわしい対応をする。その対応がピタッとはまれば、何とも楽しくなります。自信が湧いてくる。この信は、信じるのではありませんね。自然に与えられるのです。だから湧いてくると言うのですね。

良い農業をするのも同じです。田畑の姿を味わう、作物の姿を味わう、全体を味わう……ところから良い仕事が始まります。良い仕事を重ねる人を、良い人だと言うのでしょう。よく味わうのは、良い人になる基本です。つまり、よく味わえることが人生の目的といっても過言ではありません。そんな人生の大事を、ＡＩにさせるというのですから、人類の迷いはとどまるところを知りません。

近代化は、多くの場合人間を育てないのです。たとえば、レンジでチンする便利な仕事に人間は反映されないでしょう。農業もそんなふうになりつつあるのでしょうか。

どうも、人間を、まるでお米や野菜を育てたりお金を稼ぐロボットくらいにしか考えていないようです。だから、仮にも人を、生産性がないなんて評価する考え違いの政治家がいたりするのでしょうね。きっと、人類は、永遠にナメクジやオケラはおろか小石の生産性さえ正確に語ることなどできないでしょうにね。

それはともかく、正直に自然に向き合い、正直に手仕事を重ねる自然農のありようは、お米を育て、野菜を育て、人間を育てるありようです。もちろん、自然環境にも、人にも、田畑や農作物にも、どこにも問題を招かぬ人の営みです。

自信のうちに、思うがままに生きて、足りる。そう、味わうことが、自然農を生きることです。

安心のうちに、豊かに生きるだけで、人類のすべての問題は解決するのです。どうにも、自然がそうなっているからです。私たちは、初めから楽園に生きていたわけです。

自然を見失い、自然から外れた努力や工夫はいつまでも成就いたしません。

それにしても、働く喜びをなぜ機械に任せるのでしょう、不思議です。どうも、よく働いたことも、よく生きたことも、ないようですね。

私の師匠について

私は、川口由一さんに自然農を教えていただいたので、彼をここでは師匠と呼ばせていただきます。

私は長く勉強会などにも参加させていただき、まあ若さに任せて言いたいことを申し上げ、ずいぶんと皆さんの不興を買うこともございました。それでも、長きにわたり指導してくださったのはありがたいことでした。もっとも私は、師匠から「未熟だね」の他には言われたことがない弟子でございまして、いわば不肖の弟子ということになるでしょう。そんな私が申しますのも何ですが、師匠は偉いんです。

何が偉いかって、うちの師匠には仕事がない。

住所不定、無職なんてのは、新聞などで困った人を紹介する時の決まり文句みたいですが、うちの師匠はそんなのではございません。

師匠は、仕事がなくても、りっぱに生きておられるから偉い。

彼の仕事といえば、まず農業が考えられますが、農産物をことに売っているとも聞かない。著作もずいぶんなしていますが、特に作家というわけでもない。多くの人を指導していますが、学校の先生というわけでもない。漢方医学にも造詣が深くて、皆の健康相談にのり、実際に多くの人を難病から救ったとも聞きますが、お医者様というわけでもない。私が考えますに、宗教家というのが彼にはふさわしいように思うのですが、さりとて川口教なんぞと教団を立てているわけでもない……。

彼は、何もしていない、ただ彼を全うしているだけ、ただ日々よく生きようとしているだけ、のように思われる。それで、3人のりっぱな子どもさんを育てられ、多くの弟子を育てられ、自身はなんとも円満なお顔をなさっている。財を残すは下、仕事を残すは中、人を残すは上と聞きますが、私の師匠のごときは上々ですかね。

私は、こんな偉い人を他には知らない。

川口さんとのツーショット（東北での見学会で）

よく、自然農を仕事としてやっていけるのか、なんて聞かれますが、仕事がなくてもりっぱに生きていけるのに仕事があって生きていけないわけがない。ただ、自分を全うするだけ、よく生きるだけで良い農業になります。自然に楽しく生きていける。
何？　よく生きるがわからない。テレビの水戸黄門を見たことがあるでしょ。良いほうのお百姓や商人や職人や武士は決まって、つつましい生活をして、ただ正直に努力し良い仕事をして、皆を思いやる。その反対の悪い人が、黄門様にやっつけられるから見ている皆がスカッとする。よく生きるとは、つまり人を全うするとは、あれです。何？　若い人は水戸黄門がわからない。ネットで再放送を見てくださいね。全部同じような話だから、1～2話見ればわかります。

それにしても、自分を全うすれば生きられる、はどんなに時代が変わろうときっと不変です。自然がそうなっているからです。師匠は、自らの人生を通じて、私らにそう教えてくださっているのではないかと思うのです。

なにもせずしてすべてをする、が自然ですかね。

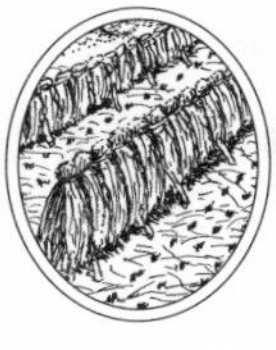

自然農を生きる

あの人はボロを着て、毎日、草の生えた田畑で立ったり座ったりして働いている。

暑いねえと言われたら、歯のない顔でニッコリ笑って、ハァー暑いですねえと言ったたまま、田の草取りをしている。

寒いねえと言われたら、歯のない顔でニッコリ笑って、ハァー寒いですねえと言ったたまま、草むしりをしている。

大変でしょうと聞かれても、ハァー大変ですと言ったたまま、田植えをしている。

疲れませんかと聞かれても、ハァー疲れますと言ったまま、稲刈りをしている。

もうかりますかと聞かれても、ハァーあんまりと言ったまま、ゴボウを掘っている。

時には、全く下手な鼻歌を歌っている。

時には、ぼんやりといつまでも、空を見たり、野山を見たりする。そうかと思えば、夫婦して畔に座ってミカンを食べていたりする。

時には、風や雨や雪の日だって、田畑に出て立ったり座ったりしている。

村の人は皆、あの人はどうも馬鹿だと言う。一方で、あの人と話をするとなんだか力が抜けるのだとも言う。

カラスにコラ!! なんて言っているあの人は、いつでも、草の生えた田畑で立ったり座ったりして働いている。

なんとも、美しい田畑だ。なんとも、美しい地球だ。

私は、体が小さくなって死んでしまうまで、そんなふうであったら良いなあと思うのです。

いいえ、私が死んでも、誰かがそんなふうであったら良いなあと思うのです。

きっと、もう馬鹿だと言う人もいないでしょう。

自然農を専業にして〜「おわりに」に代えて〜

ゆっくりとこの原稿を書いているうちに、私は還暦を迎えました。いつの間にか、長く生きていました。この年になると、あと何年農業ができるだろうかと考えます。3年、5年、運良く10年、15年……。近頃、今をじっくりと味わうようになりました。

自然農を知り、川口さんの田畑を初めて訪ねたのは30年ほど前です。就農したのは1992年ですから、専業農家として自然農に取り組み28年になります。知らないうちに、私の経営は続いていました。日々やるべきことを、やれるようにしてきました。それでよく続いたものだと、かえって不思議な気もします。きっと、この経営は、私が動けなくなるまで続くだろうと思うのです。

田畑は、両親から受け継いだ当時よりも、明らかに豊かになっています。肥料やエネルギーは、両親のやっていた時代がはるかに多く投入していたはずです。私は、耕さず、草を生やし、自然の営みに任せていました。

今では、稲はもちろん比較的肥料の多く必要な野菜類もほぼ無肥料で健康に育ちます。野菜類に必要に応じて施す肥料は、商品にするために少し大きくしたり、少し多く実らせるためです。健康に育てるだけなら、もう何も要らないくらいです。そして、その肥料とて、身近な有機物が少しあれば十分です。

すべての生命が自然の巡りのなかでその生命を全うできるのだ、と思い至ります。もちろん、人間もそのうちです。

それにしても、今までに自然農によるプロ農家を十分育てられなかったのは、残念だと感じています。今の自然農のおおかたは、農業として余剰を生み出すに至らぬ趣味的な取り組みにとどまっています。食料があり余るほどある、豊かな社会が招いた軟弱さといえるかもしれません。それにしても、この体にプロとして長く自然農に取り組んできた自らの責任を強く感じます。馬齢を重ねるとは、私のことです。

この度、やっと私の取り組みをまとめることができました。至らぬながら、自然農の側から本格的に農業を論じた初めての報告になったと思います。願わくば、皆さんに自然農の心が伝わり、いささかなりとも参考になれば良いと思います。多くの方々の知恵と工夫で、いまだひ弱な自然農を農業としてたくましくしたいものです。さもなければ、私たちに未来はないのではないかと思えるのです。

大事なことは、自然を弁《わきま》えることです。自然を弁えた人は、何をやっても自然農です。それを弁えていない人は、たとえ川口さんと同じことをしても、自然農ではありません。まあ、そう言っても良いのです。まだ、迷いを残しているからです。しかし初めは、まねから気楽に始めれば良いのです。自然農を深く学び、自然の田畑で働くうちに、誰でも自然や生命の営みについて覚り知ることができると思います。

それにしても、各分野でこれほど自然を弁えた覚者《かくしゃ》（自然を覚った者）が必要な時代はかつてなかったのではないでしょうか。

農業においても、自然の知恵を働かせ農業のあり方を根本的に問い直さなければ、我々の安心も幸せも、そして世界から飢えが消えることも、ないと思われるのです。もちろん私は、今の自然農の、いえ私の力不足を知っているつもりです。しかしそのうえで、大まじめでそう思っているのです。作物の健康と足るを知らないようでは、農の願いを成就することがきっとないであろうと思われるからです。

2020年1月は、世界の気温が1月として観測史上いちばん高かったのだとテレビが報じていました。当農園の赤カブが1月中にとう立ちして出荷できなくなったのも、この28年で初めてのことです。きっと、気象災害は今後さらにひどくなるでしょう。

温室効果ガス、ことにCO_2の排出量を早急にゼロにしなくては近く大混乱になるのだそうです。そうわかっているのに、世界の指導者は誰も本当には動き出そうとしないようです。結局、皆がお金がなくては生きていけないと思っているからでしょう。

しかし、自然の田畑が語ることは違います。草のなかに植えたくらいで見事に実った清々しい稲の姿は、我々が豊かに生きるために、お金や経済成長が必ずしも要らないことを静かに示しています。

2020年2月のマスコミは、新型コロナウイルスによる風邪について連日大騒ぎで伝えています。気になるのは、相変わらずウイルスと対立していることです。抗ウイルス薬などが、結局ウイルスに耐性を与えるだけであることは歴史が証明しています。ウイルスは無限に存在し、無限に変異するのです。対立して勝てるものではありません。本当に問題にするべきは、人の健康です。

冬に美食と運動不足で貯め込んだものを、ウイルスの力を借りて、やっと発熱や鼻水などのかたちでしか排泄できぬ、過度の冷暖房で軟弱になってしまった人の体をこそ問うべきでしょう。むしろ、アルコールで手を洗い、マスクをかけ、ウイルスを遠ざけると排泄が上手にいかず、今度は肝炎、腎炎、○○シンドロームというような寝ていても治らぬ深刻な病気を招く例も多いはずです。いわんや、感染者や医療従事者を差別するなんてのは論外です。なんと愚かなことでしょう。

感染しても発症せぬような人の体を養うことが先決です。治療をするにしても、人の体を整え健康な状態にするものであって然るべきです。少なくとも、ウイルスや細菌を問題にしても、根本的解決には至りません。抗ウイルス薬やワクチンの開発は本当の解決にならず、結局人の体に負担をかけることになるでしょう。作物に農薬をかけて問題が解決しないのと同じです。どうも、医学も健康や自然がよく見えていないようです。

ところで、ウイルスや細菌はこの地球に人の出現する前から存在していたはずです。我々は、ウイルスや細菌のおかげで生まれたといっても過言ではないでしょう。一つ自然から生まれ、一体の営みをしている生命と非生命について対立した見方しかできぬ人の知恵の浅さこそ問題です。生死別なし、自他一体、つまり生死の意味も自然界、生命界の調和も正確に認識していない医学のようです。このままでは、いくらお金をかけても人類が救われることはないでしょう。

ちなみに、私は暑さのなかで田の草取りをして、寒さのなかで草むしりをして、季節の野菜やお米を好きなように食べて、好きなように寝起きして、この二十数年風邪一つ引きません。

どうも科学は、つまり農学も経済学も医学も……、まるでさっぱりです。本来、科学の暴走を抑え、人々の迷いを晴らすのは宗教の役割です。しかし、今の多くの宗教家は、お布施を数えるので忙しいのか、その役割を果たしていないようです。ここは、田畑に立つ我々が自然を弁え、宗教家の役割を果たさねばなりませんかね。

人に与えられた考えるというすばらしい能力を、その成果を使いこなすためには、自然の知恵が必要です。考える知恵よりはるかに深く大きな、考えないところから始まる自然の知恵を人の営みの中心に置くことは、人の道を弁えることに他なりません。各分野で、覚者が求められるゆえんです。

各分野というのは、それぞれの人生においてということでもあります。誰でも、生死別なし、自他一体、何がどうでもへのカッパと弁えて、自由自在に人生を全うしたいものです。自信のうちに、毎日良い感じで生きたいものです。ところで、「私の人生を全うする」ことは、私にしかできません。他の人に代わってもらうことはできないのです。お釈迦様やイエス様がたとえどんなに偉くても、私に代わることはできません。だから、どの生命もかけがえがなく尊いのです。あなたも、私も、皆も……。逆に言えば、他の人にがんばってくださいなんて言えない厳しさがあるのです。たった一人で、しっかりと地に足をつけて、納得できるすばらしい日々としたいものですね。

自然を弁えたところから始まる自然農は、人類唯一の希望かもしれません。この混乱の時代に、自然農が真の一陽来復を告げるものであるべく、私も今しばらく精いっぱい生きたいと思います。まあ、死ぬまで好きなように生きるのです。願わくば、この楽しさを多くの人が味わえますように。

もっとも、混乱のうちに人類が種としての寿命を縮めるのも自然なら、平安のうちに種としての寿命を全うするのも自然です。どちらを選ぶかは、人類にかかっていることで、私の知ったことではありません。私は私の人生を生きるだけです。

ところで、この本を読み、私のところの見学会に来たくなる方があるかもしれません。もちろん自由ですけれども、それにしても小さな座敷でする小さな勉強会です。大勢来てくださっても座るところがありません。私の知っていることは全部書きました。あとは、あなたが、あなたのところで思いを澄ますならば答えが自然に出るはずです。真理は、あなたのところにあるのですからね。四国の片田舎なんぞに来る必要はありません。

また、私どもの農産物を求めたくなる方があるかもしれません。もちろんありがたいことですが、それにしても老夫婦がしている小さな経営ゆえ、多くの方々に届けることができません。できうれば、何らかのかたちで自然農に取り組んでいただけるとありがたいです。そうすることで気がつくことも多いと思います。また、若い自然農の経営者があれば、農産物を買うかたちで応援してくださるとありがたいです。今の日本で農業を仕事とするのは甘くないからです。

自然農が求められる時代に、当農園の取り組みをまとめる機会をくださった創森社にお礼を申します。相場さんをはじめとする編集関係の方々の御助言がなければ、とても一冊の本にすることができなかったと思います。本当にありがとうございました。

考えてみれば、未熟な私が自然農を続けてこられたのは、多くの人のおかげでした。特に自然農の技術と心を教えてくださった川口由一さん。自然農を学び合った仲間たち。就農以来、応援してくださった多くの方々。これまで御縁をいただいた多くのお客様方。皆さんのおかげで自然農を続けてこられました。私にとり、連れ合いの睦美をはじめとして家族皆の理解と協力を得られたのもありがいことでした。これまで出会った皆さんに、この場を借りてお礼を申します。

この書を通じて、自然農と自然農の心がいささかなりとも皆様に伝われば幸いです。

さて、今日も田畑に出かけます。良い天気です。

著者

沖津さんご夫妻（春の畑で）

作付けと収穫（暦）

×××播種　△△△定植　●●●収穫

10	11	12	1	2	3	備　考
×——●	●●●●	●●●●	●●●●		××	
					××	宮重（自家採種）
×——	——	——●●	●●●●	●●●●	● ××	春暑いと早く終わる
××——	——	——●	●●●●	●●●●	●●●● ××	春暑いと早く終わる。冬は2月から本格的収穫
××——	——	——●	●●●●	●●●●	●●●● ××	春暑いと早く終わる。冬は2月から本格的収穫
——	——●	●●●●	●●●●	●●●●	●●●● ××	時無し５寸（自家採種）
××——	——	——	●●●●	●●●●	●●●● ××	
				●	●●●●	自然生え
						自然生え
					●	自然生え
						自然生え
						自然生え
						放任栽培
						放任栽培
						放任栽培
						放任栽培
						放任栽培
●●●●						四葉（自家採種）

一陽自然農園の

品目　　　月	4	5	6	7	8	9
二十日ダイコン	×――●	●●●●	●●			××
葉ダイコン	×――●	●●●●	●●			
金町カブ	×――――	――●●	●●●●	●		××
ビタミンナ	● ×――――	――●●	●●●●	●		
４月シロナ	×――――	――●●	●●●●	●		
ニンジン	×――――	――――	――●●●	●	×	×――
時無しダイコン	×――――	――――	――●●●	●		
セリ	●					
ミツバ		●●●				
フキ	●●●●	●●●●	●●●●	●		
イタドリ	●●●					
クレソン	●					
木の芽	●●	●				
甘夏	●●●●	●●●●				
タケノコ（モウソウ）	●●	●				
タケノコ（ハチク）		●●●	●			
タケノコ（マダケ）			●●●●			
キュウリ	××	――――	――――	×× ――●●	―――― ●●●●	――●● ●●

×××播種　△△△定植　●●●収穫

10	11	12	1	2	3	備　考
●●●●	●					暑くなると収穫が止まる
●●●●						暑くなると収穫が止まる
────	───●	●●●●	●●●●	●●●●	●●●●	秋作はしていない
					×	欠株が多くなれば数年で更新
----●●	●					苗床播き、暑いと収穫できない
●●●●	●					苗床播き、トマトより暑さに強い
●●●●	●					苗床播き
●●●●	●					苗床播き
●●●●	●					苗床播き
●●●●	●					苗床播き
────	●					苗床播き。収穫後吊るして保存
						放任栽培
						苗床播き
						苗床播き。梅干し用
●						苗床播き
●●●●	●●●●	●●●●	●●●●	●●●●	●●●●	刈り取り収穫。数年に一度株分け
───●	●●●●					
───●	●●●●	●●●●	●●●●	●●●●	●●●●	タケノコ、赤芽、セレベス、白芽
────	───●	●●●●	●●●●	●●●●	●●●●	冬の間、必要に応じて収穫
────	───●	●●●●	●●●●	●●●●	●●●●	冬の間、必要に応じて収穫

品目＼月	4	5	6	7	8	9
ズッキーニ	××	――	――	――●●	●●●●	
蔓有りインゲン	 ××	 ――	 ――●	× ●●---	×―― 	――
蔓無し モロッコインゲン	 ××	 ――	 ●●●●	× ●●	××―― 	――●
ゴボウ	● ××	――	――	――	――	――
アスパラガス	× ●●	 ●●●●	 ●●			
トマト	×	×――	△――	●----	----	----
ミニトマト	×	×――	△――	●●●--	----	----●●
ナス	×	×――	△――	――●	●●●●	●●●●
ピーマン	×	×――	△――	――●	●●●●	●●●●
シシトウ	×	×――	△――	――●	●●●●	●●●●
万願寺トウガラシ	×	×――	△――	――●	●●●●	●●●●
トウガラシ	×	×――	△――	――	――	――
ミョウガ				●●	●	
青ジソ	×	×――	△――	―●●	●●●●	
赤ジソ	×	×――	△――	――●	●	
モロヘイヤ		××――	△――	――●	●●●●	●●●●
九条ネギ	●		●	●●●●	●●●●	●●●●
ショウガ	×	×――	――	――	――	――
サトイモ	● ×	×――	――	――	――	――
キクイモ	● ×	×――	――	――	――	――
ヤーコン	● ×	×――	――	――	――	――

×××播種　△△△定植　●●●収穫

10	11	12	1	2	3	備　考
——	——●	●●●●	●●●●	●●●●	●●●●	冬の間、必要に応じて収穫
●●●●						自家採種
——●●	●●●●	●●●●	●●●●	●●●●	●●●●	真夏に虫害にあうが後、再生
●●						
						暑さに強い
——●	●					
●●						自家採種　直播き
●●						自家採種　直播き
						自家採種　直播き
						自家採種　直播き
						自家採種　直播き
						自家採種　直播き
						自家採種　直播き
●●●●						自家採種　直播き
——	稲架 干し ——●●----	----◎				△田植え、●稲刈り、◎脱穀、調整　アケボノ
——	——	●----◎				
——●●	●●●					△蔓さし（植えつけ）
						放任栽培
						放任栽培
●						放任栽培
——	——	——●	●●●●	× ●●	×——	ニシユタカ。冬は必要なだけ収穫

品目＼月	4	5	6	7	8	9
ツクネイモ	●　×	×――	――	――	――	――
オクラ		××―	――	――●●	●●●●	●●●●
フダンソウ		××―	――	●●●●	――	――
エンサイ	×	××―	――●	●●●●	●●●●	●●●●
三尺ササゲ		××―	――	――●	●●●●	●●●●
スイートコーン				××	――	――
		××―	――	――	―●●	
西洋カボチャ		××―	――	――	―●●	●●●●
日本カボチャ		××―	――	――	―●●	●●●●
スイカ	×	×――	――	――	―●●	●●●●
マクワウリ		××―	――	――●	●●●●	●●
ハグラウリ		××―	――	――●	●●●●	●●
キンシウリ		××―	――	――	―●●●	●●●●
ニガウリ		××―	――	――●●	●●●●	●●●●
トウガン		××―	――	――	――●	●●●●
稲	×	×――	――△	――	――	――
ダイズ				××―	――	――
ササゲ		××―	――	――	―●●	●●●●
サツマイモ			△―	――	――	――
スモモ			●●●			
ビワ			●●●			
スダチ				●	●●●●	●●●●
ジャガイモ	――	――	――	――●●	●	
					×	×――

×××播種　△△△定植　●●●収穫

10	11	12	1	2	3	備　考
				×	×——	
	×	——	——	——△	——	冬暖かいと長く収穫
—△—	●●●●	●●●●				
				×	×——	
	×	——	——	——△	——	サニーレタス、サンチュ（とう立ちが遅い））など
—△—	●●●●	●●●●				
——	——●●	●●●●	●●●●	●		
——	——●●	●●●●	●●●●	●		
——	——●●	●●●●	●●●●	●		
——	——●●	●●●●	●●●●	●●		
——	——●	●●●●	●●●●	●		
×——	——●	●●●●	●●●●	●●●		
——	——	——●●	●●●●	●●●●		宮重ダイコンほか
——	——	——●●	●●●●	●		
×——	△——	——	——	——	——	富士早生、四季取りなど
——	△——	——	——	——	——●●	エンデバー（タキイ）など
——	——△	——	——	——	——	早生は４月から葉タマネギとして収穫
——	——	——●●	●●●●	●●●●	●●●●	小さなタマネギを植え、葉タマネギとして収穫
——	——	——	——	——	——	吊り貯蔵。種球の植えつけ
——	——	——	——	——	●●●●	
——	——	——	——	——	——●●	
××——	——	——●●	●●●●	●●●●		とう取り用は苗床播き、条播きして葉物としても美味
×——	△——	——	——	——	——●●	
×——	△——	——●	●●●●	●●●●	●●●●	本格的な収穫は３月から

品目＼月	4	5	6	7	8	9
レタス	—△—— ——●●	——● ●●●●	●●●●		 ×	 ×——
リーフレタス	—△—— —●●●	——● ●●●●	●●●●		 ×	 ×——
タイサイ						××
サントウサイ						××
ノザワナ						××
大阪シロナ						××
コマツナ						××
ミズナ						×
ダイコン						×
赤カブ						×
キャベツ	—●●●	●●●●	●●●●			×
ブロッコリー	●●					××
タマネギ	—●●●	●——	●			××
セットタマネギ					×	×——
ニンニク	——	——	●			×
ワケギ	●●●					×
アサツキ	●●●●	●				×
カキナ	 ●					× ×
三池タカナ	●●					×

×××播種　△△△定植　●●●収穫

10	11	12	1	2	3	備　考
×――	△――	――●●	●●●●	●		苗床播き
×――	△――	――●●	●●●●	●		苗床播き
×――	△――	――――	――――	――●●	●●	とう取り用、直播きもある
××――	――●	●‥‥	‥‥‥‥	‥‥‥‥	●●●●	暖かいと冬も収穫
××――	――――	――――	――――	――●●	●●●●	西洋種
×	×――	――――	――――	――――	――――	小、中、一寸ソラマメ、自家採種
	××	×――	――――	――――	――――	キヌサヤ、スナップなど
	××	×――	――――	――――	――――	ウスイエンドウ
●●						放任栽培
●	●					富有、放任栽培
	●●					愛宕、放任栽培。干し柿用
	●●	●●●				放任栽培
●	●●●●	●●●●				早生、晩生。放任栽培
			●●	●●●●	●	放任栽培
	●●●●	●●●●	●●●●	●●●●	●●●●	放任栽培
						放任栽培、梅干し用

付属資料

品目 ＼ 月	4	5	6	7	8	9
チンゲンサイ						×
ターサイ						×
ハクサイ						×
シュンギク						×
ホウレンソウ						
ソラマメ	――――	●●●●	●			
エンドウ	――●●	●●●●	●●			
実エンドウ	――――	――●●	●●			
クリ						
甘ガキ						
渋ガキ						
ユズ						
温州ミカン						
ハッサク						
レモン						
ウメ			●●			

注：①気候、栽培地などにより収穫期は前後する
　②ジャガイモ、サトイモ類は種イモを、ショウガは種ショウガを植えつける

◆自然農 学びの場など全国一覧

自然農の学びの場は、それぞれの方が自分の生き方やその時々の暮らしの事情に合わせて対応しています。

自給自足を目指して取り組んでいる方、専業で取り組んでいる方……。

見学希望があった場合に自分の田畑を案内している方、定期的に集合日を設け実習の指導をしている方、田畑を貸し出して実践の学びの場をしている方……。

一人一人に田畑を貸し出している方、皆で一緒に取り組む田畑を用意している方……。

様々な方がいて、様々な学びの姿があります。

どのような学びの場を設けているかは、各学びの場にお問い合わせいただき、自分に合った学びの場と出会い、学びを重ねていくようにしてください。

（妙なる畑の会）

稲刈り作業（妙なる畑の会＝奈良県桜井市。右が川口由一さん）

自然農 学びの場など全国一覧

敬称略、2022年2月現在

学びの場 名称	郵便番号	住所など	代表など	電話番号など
妙なる畑の会・見学会	633—0083	奈良県桜井市辻120	川口 由一	(問い合わせ)余語 0744—32—4707
妙なる畑の会・全国実践者の集い		(代表)沖津一陽・高橋浩昭・大植久美 (問い合わせ)三輪 090—3526—3404		
自然農塾「ステラの森」	069—1317	北海道夕張郡長沼町東5線北17番地	渡辺 雅子	090—2052—4828
やえはた自然農園	028—3142	岩手県花巻市石鳥谷町八重畑9—20—5	藤根 正悦	0198—46—9606
丸森かたくり農園	981—2401	宮城県伊具郡丸森町小斉一ノ迫56	北村 みどり	0224—78—1916
農暮学校（つぶら農園）	981—2105	宮城県伊具郡丸森町舘矢間松掛字新宮田14	安部 信次	0224—72—6399
自然農を学ぶ会つくば	305—0071	茨城県つくば市稲岡495—32	中田 隆夫	029—836—3772

食養庵・陽(ひかり)	319-2221	茨城県常陸大宮市八田1139-3	斎藤　陽子	0295-52-3703
さいたま丸ヶ崎自然農の会	337-0001	埼玉県さいたま市見沼区丸ヶ崎1856	山本　壮一	090-4387-0350
千葉自然農の会	299-1906	千葉県安房郡鋸南町横根217-2	米山　美穂	0470-55-9057
青梅「畑の学校」	198-0041	東京都青梅市勝沼2-341	鈴木　真紀	0428-78-3117
神奈川県藤野町自然農学びの場	183-0013	東京都府中市小柳町4-3-8	山下　庸一	042-302-7667
百石原自然農塾	253-0062	神奈川県茅ヶ崎市浜見平14-4-410	馬場　殖穂	080-2251-3358
よこはま自然農の郷・遊山房	224-0001	神奈川県横浜市都筑区中川1-18-13-103	二宮　倫行	045-913-2725
LOVE自然農新潟	950-2002	新潟市西区青山1-17-18	渡辺　和男	090-7200-2827
結まーる自然農園 八ヶ岳自然農の会・学びの会	408-0022	山梨県北杜市長坂町塚川611	三井　和夫	0551-32-4705
野風草	408-0035	山梨県北杜市長坂町夏秋922-6	舘野　昌也	0551-32-3473
わくわく田んぼ	408-0317	山梨県北杜市白州町下教来石489	おおえ　わかこ	0551-35-4139
八ヶ岳自然生活学校	399-0101	長野県諏訪郡富士見町境7308	黒岩　成雄・牧子	0266-64-2893
長野自然農学びの場　四賀村	399-7417	長野県松本市刈谷原町692	松本　諦念	0263-64-2776
あずみの自然農塾	399-8602	長野県北安曇郡池田町会染552-1 ゲストハウスシャンティクティ	臼井　健二	0261-62-0638
富山自然農を学ぶ会	939-2433	富山市八尾町清水524	石黒　完二	076-458-1035(森)
八尾町大玉生学びの場	939-2455	富山市八尾町大玉生651	森　公明	076-458-1035
上市町塩谷学びの場	930-0467	富山県中新川郡上市町塩谷29	石田　淳悦	076-472-5677
砺波市頼成学びの場	932-0217	富山県南砺市本町4-29	磯辺　文雄	0763-82-4257

自然農園　綾草	505-0071	岐阜県加茂郡坂祝町黒岩850	兼松　明子	0574-26-9136
不耕起自然農を学ぶ一歩の会	501-0619	岐阜県揖斐郡揖斐川町三輪848	木村　君子	058-522-3224
農楽友の会　自然農学びの場	505-0003	岐阜県美濃加茂市山之上町3435-19	中山　千津子	0574-25-6909
清沢塾	420-0039	静岡市葵区上石町3-313	小長谷　建夫	054-253-1825
静岡自然農の会	410-0232	静岡県沼津市西浦河内601	高橋　浩昭	055-942-3337
	436-0074	静岡県掛川市葛川630-7	田中　透	0537-21-6122
いきものちきゅう　自然農という生き方を学ぶ会	421-1113	静岡県藤枝市岡部町桂島1087-3	石井　剛	090-9132-9742
	425-0016	静岡県焼津市石脇下797-2	駒井　緑	090-6036-3670
かぎしっぽ農園〈休塾〉	441-1222	愛知県豊川市豊津町神ノ木222-9	伊藤　淳期	0533-93-0239
汐見坂自然農園	479-0003	愛知県常滑市金山字金蓮寺3-3	野田　宗敬	0569-43-4722
だいじょぶ畑	470-2401	愛知県知多郡美浜町大字布土字和田181	梅村　武司	070-6581-5549
里の田　伊賀	518-0116	三重県伊賀市上神戸720	柴田　幸子	0595-37-0864
農のある暮らし　あさゆふ	519-2504	三重県多気郡大台町小切畑866-3	佐藤　太平	0598-76-0077
赤目自然農塾		三重県名張市・奈良県宇陀市　中村康博 (https://akameshizennoujuku.jimdofree.com) (問い合わせ) 坂上 090-7601-7344　大田 0743-25-7823		
粟原自然農園	633-0245	奈良県宇陀市榛原笠間2163	中村　康博	0745-82-7532
菟田野自然農園	633-2223	奈良県宇陀市菟田野宇賀志1585	小倉　裕史	0745-84-2653
生駒自然農園	630-0262	奈良県生駒市緑ヶ丘1454-39	大田　耕作	0743-25-7823
明日香　風の畑	634-0043	奈良県橿原市五条野町657	三輪　淳子	090-3526-3404

たんぼのがっこう	６３０－１２３２	奈良市興ヶ原町４７１－２（宇野）	宇野　陽一 本倉　綾	０８０－４００８－２３３５ ０９０－１２０９－１０１０
木津自然農	６１９－０２１４	京都府木津川市木津白口84	細谷　泰高	０９０－３２７９－４８６４
ぼっかって	６２３－０３４４	京都府綾部市西方町貝尻10－１	加納　昭文	０９０－４４９１－３２９０
柏原自然農塾	５８２－０００９	大阪府柏原市大正３－１－35	山本　利武	０７２９－７２－０４６７
仰木自然農学びの会〈休塾〉	５２０－０５３３	滋賀県大津市朝日１－14－７	森谷　守	０７７－５９４－０６５２
梅の里　自然農園	６４５－００２２	和歌山県日高郡みなべ町晩稲１４５１	勇惣　浩生	０７３９－７４－２３２４
ＭｏｒｎｉｎｇＤｅｗＦａｒｍ （あさつゆ農園） 神戸自然農学びの場	６５５－００４８	兵庫県神戸市垂水区西舞子８－１－８	中野　信吾	０８０－３０３０－３０８３
もみじの里自然農学びの場	６５６－０００６	兵庫県洲本市中川原町二ッ石95	大植　久美	marumashinkyu@yahoo.co.jp
一陽自然農園	７７１－１６１３	徳島県阿波市市場町大俣字行峯２０７	沖津　一陽	０８８３－３６－４８３０
佐那河内自然農塾〈休塾〉	７７０－８０７８	徳島市八万町橋本12－４	岩野　泰典	０８８－６６８－４２６８
貴楽農園〈休塾〉	７７３－０００１	徳島県小松島市小松島町領田10－１	貴田　収	０８８－５３２－３１２３
愛媛自然農塾	７９１－８０９２	愛媛県松山市由良町９１９	山岡　亨	０８９－９６１－２１２３
自然農学びの会　岡山	７０１－０１１３	岡山県倉敷市栗坂１０８－３	八木　真由美	０８６－４６３－３６７６
大北農園 あまつちひとの集い	７０９－２５５１	岡山県加賀郡吉備中央町下土井７０１	大北　一哉	０８６７－３５－１１２５
共生わくわく自然農園	７１２－８０１５	岡山県倉敷市連島町矢柄５８７７－11	難波　健志	０８６－４４４－５４０４
美作自然農を楽しむ会	７０９－３７１２	岡山県久米郡美咲町金堀５６２　賢治の楽交	前原　ひろみ	０８６８－６６－２１３３

自然農園@たつみや	715−0018	岡山県井原市上稲木町185 たつみや方	長谷川　淳	0866−62−1851
自然農学びの会 広島〈休塾〉	722−0354	広島県尾道市御調町綾目1443−2	木村　宜克	0848−76−2514
東広島自然農塾	739−0002	広島県東広島市西条町吉行1544	池崎　友恵	082−420−0080
いしくら自然農園	722−2322	広島県尾道市因島三庄町3511−8	石倉　孝弘	090−9984−6660
大庭自然農の会	690−0015	島根県松江市上乃木4−21−12	周藤　久美枝	0852−21−0243
周防大島自然農園	742−2101	山口県大島郡周防大島町西三蒲282	堀　晴彦	080−8123−5439
福岡自然農塾	819−1622	福岡県糸島市二丈一貴山560−13	鏡山　悦子	092−325−0745
松国自然農塾	810−0033	福岡市中央区小笹2−8−47	村山　直通	090−7927−2726
一貴山自然農塾	819−1622	福岡県糸島市二丈一貴山560−13	鏡山　英二	092−325−0745
花畑自然農塾	810−0033	福岡市中央区小笹2−8−47	村山　直通	090−7927−2726
木下農園	819−1124	福岡県糸島市加布里839	木下　まり	092−323−6606
結熊（ゆうゆう）自然農園 暮らしの学びの場 アルモンデ	861−0404	熊本県山鹿市菊鹿町上永野1744−1	こみどり　わこ	0968−41−6264
自然農園　こころ	880−1101	宮崎県東諸県郡国富町本庄4124	岩切　義明	0985−75−1015
綾自然農塾	880−1302	宮崎県東諸県郡綾町北俣2365−1	北條　直樹	0985−77−2008
福﨑農園	891−1302	鹿児島市東佐多町2018	福﨑　貴之	099−295−1530

〈韓国〉

地球学校	25109	韓国江原道洪川郡南面古音室路34	崔成鉉	010−9427−5026

＊日本から韓国の地球学校に電話をかける場合には、国際電話認識番号＋82＋頭の0を除いた右記の電話番号にかけるようにします

・自然農MEMO・

川口由一さん（奈良県桜井市）が就農後、農薬や化学肥料を使った農業を続けることで心身を損ね、いのちの営みに任せ、自然の理にかなった農業を模索し、1970年代後半に自然農にたどりつく。以来、40年近くにわたり、不耕起・草生で米麦と野菜、果樹などの栽培を実践。これまで妙なる畑の会・見学会、赤目自然農塾、妙なる畑の会・全国実践者の集い、および各地の自然農の学びの場などで自然農の考え方、取り組み方を伝えてきた。自然農の根本は川口さんの著書『妙なる畑に立ちて』（野草社）、『自然農への道』（編著、創森社）、『自然農という生き方』（共著、大月書店）、『自然農の野菜づくり』『自然農の果物づくり』『自然農の米づくり』（ともに監修、創森社）、『自然農にいのち宿りて』（創森社）などに詳しい　（創森社記）

刈り取り前の稲穂

デザイン―――ビレッジ・ハウス
写真―――沖津一陽　三宅 岳　ほか
イラスト―――宍田利孝
資料協力―――三輪淳子　ほか
校正―――吉田 仁

著者プロフィール

●沖津一陽（おきつ かずあき）

1960年、徳島県生まれ。東京農工大学大学院修士課程修了。1986年、農林水産省入省。農林水産技官、畜産局（現、畜産部）豚めん羊係長などを務める。在職中、川口由一さんの著書『妙なる畑に立ちて』により自然農を知って以来、川口さんの主宰する勉強会で自然農と漢方医学を学ぶ。1992年、農林水産省退職と同時に、有機農場で３か月の農業研修を終え、実家の農業を継ぐ形で就農。以来、30年近くにわたり専業農家として自然農に取り組み、お米と季節の野菜セットを消費者に直接販売している。毎月、田畑の見学会を自宅で行う。阿波市農業委員などを歴任。ペーパー獣医師。著書に『自然農への道』（共同執筆、創森社）

自然《しぜん》農《のう》を生《い》きる

2020年10月９日　第１刷発行
2023年５月19日　第３刷発行

著　　者——沖津一陽《おきつかずあき》

発 行 者——相場博也

発 行 所——株式会社 創森社
〒162-0805 東京都新宿区矢来町96-4
TEL 03-5228-2270　FAX 03-5228-2410
http://www.soshinsha-pub.com
振替00160-7-770406

組　　版——有限会社 天龍社

印刷製本——中央精版印刷株式会社

 ISBN978-4-88340-344－8 C0061